Ananda G K
Varun K R
Raviprakash M

Processamento de nanofluidos em sistemas solares de aquecimento de água

Ananda G K
Varun K R
Raviprakash M

Processamento de nanofluidos em sistemas solares de aquecimento de água

Conversão de energia solar

ScienciaScripts

Imprint

Cover image: www.ingimage.com

This book is a translation from the original published under ISBN 978-3-659-96757-3.

Publisher:
Sciencia Scripts
is a trademark of
Dodo Books Indian Ocean Ltd. and OmniScriptum S.R.L publishing group

120 High Road, East Finchley, London, N2 9ED, United Kingdom
Str. Armeneasca 28/1, office 1, Chisinau MD-2012, Republic of Moldova, Europe
Printed at: see last page
ISBN: 978-620-7-90666-6

Processamento de nanofluidos em sistemas solares de aquecimento de água

--Conversão de energia solar

Por

Dr. Ananda G K
B.E (Engenharia Mecânica); M.Tech (Engenharia de Energia Térmica); PhD (Energia Solar) (ASME), (ASTM), (ASHARE)
Universidade Visvesvaraya College of Engineering
K R Circle, Bengaluru-560001, Índia

Sr. Varun K R
B.E (Engenharia Mecânica); M.Tech (Engenharia de Energia Térmica); (PhD) IC Engines
A Escola Superior de Engenharia de Oxford
Bengaluru-560068, Índia

Dr. Raviprakash M
B.E (Engenharia Mecânica); M.Tech (Engenharia de Conceção); Doutoramento (Materiais Avançados)
A Escola Superior de Engenharia de Oxford
Bengaluru-560068, Índia

Bibliografia de autor

Dr. Ananda Guddenahalli Kullegowda, Professor Assistente, Departamento de Engenharia Mecânica, Faculdade de Engenharia da Universidade Visvesvaraya, Bengaluru-560001, Estado de Karnataka, Índia. Obteve 3rd classificações a nível universitário em estudos de pós-graduação. A sua área de interesse de investigação é a energia renovável, a transferência de calor em sistemas de refrigeração electrónicos e conceitos termodinâmicos em compósitos de matriz de alumínio. Publicou mais de 15 artigos de investigação em revistas internacionais revistas por pares no domínio da energia solar, transferência de calor e processos de fabrico avançados com indexação internacional em Scopus, Web of Science e Science Citation Index Expanded. Também participou ativamente como mentor em actividades académicas profissionais para a Sociedade Americana de Engenharia Mecânica, Normas Americanas de Testes de Materiais e Sociedade Americana de Sistemas de Aquecimento, Refrigeração e Ar Condicionado. Supervisionou mais de 5 estudantes de pós-graduação no domínio das células solares fotovoltaicas, da transferência de calor em sistemas de refrigeração em miniatura, das propriedades térmicas de metais leves e do stress térmico em cilindros de GPL rebentados. As oportunidades de ensinar e trabalhar com estudantes e de desenvolver novos materiais e técnicas educativas, bem como de realizar investigação de alta qualidade, são as minhas principais razões para escolher uma carreira académica. Como resultado, adquiri uma vasta experiência de ensino ao nível da licenciatura e da pós-graduação no BTL Institute of Technology e no Jnanavikas Institute of Technology, afiliado à Visvesvaraya Technological University. O meu programa de investigação independente é inspirado em estudos de licenciatura e de pós-graduação; o trabalho de investigação de doutoramento tem contribuído para a sociedade. O ID de investigação do autor foi encontrado em muitas plataformas, como se segue:

1. LinkedIn: https://www.linkedin.com/in/dr-ananda-g-k-81826299/
2. Perfil do Google Scholar: https://scholar.google.com/citations?user=09gsmtsAAAAJ&hl=en
3. ID do Orcídeo de Investigação: https://orcid.org/0000-0001-8511-2914
4. Web of Science ID: https://publons.com/researcher/3019627/drananda-g-k/

Com os melhores cumprimentos,

Dr. Ananda G K

RESUMO

O coletor de calha parabólica tem muitas vantagens em termos de propriedades de processamento em relação a um coletor de produção de água quente solar e tem uma eficiência ótica mais elevada. Em geral, o estudo do desempenho térmico do PTC é afetado pela radiação de entrada disponível e depende dos parâmetros de conceção e do tipo de orientação. Na presente tese de investigação descreve-se a investigação teórica e o estudo experimental destes parâmetros físicos para o PTC simétrico estático com localização no estado de Karnataka da Índia, distrito de Bengaluru.

O modelo de calha parabólica solar foi desenvolvido para medir as características da irradiância global normal, as horas de luz do dia e a radiação do feixe no hemisfério norte-sul, como no distrito de Bengaluru. A latitude é de 12,750N e a longitude de 77,350W, com uma elevação solar média de 600. A radiação máxima disponível em cada mês aumenta 35,65% e 28,56% em abril e dezembro, respetivamente. O ângulo de titulação mais baixo foi de 00 (maio a junho) e o ângulo mais alto foi de 45,850 (setembro a março), enquanto que o coletor estático oferece o melhor desempenho.

A análise da radiação solar mostra que Bengaluru tem uma radiação difusa significativa, que chega a atingir 49% em alguns meses; por conseguinte, o PSTC oferece um elevado potencial de aproveitamento da energia solar. Utilizando técnicas avançadas de traçado de raios Soltrace, foi efectuada uma investigação pormenorizada para estudar o efeito da irradiância normal, do ângulo de aceitação, da largura da abertura, do ângulo do rebordo, da curvatura de eixo único e da orientação no desempenho do PSTC.

As normas ASHARE 93-86 foram seguidas para melhorar o desempenho térmico utilizando óxido de grafeno reduzido (rGO) como nanofluido com seleção da fração de massa 0,5-1,0% como refrigerante de trabalho. Foi efectuada uma configuração experimental de duas formas: sistema de circulação livre (termossifão) e sistema de circulação forçada. A percentagem de erro de incerteza dos dados testados cai para a irradiância normal global (±1,45), a taxa de fluxo do fluido (±5,54), a variação da temperatura de entrada e saída do fluido (±1,35), respetivamente. Para as tentativas de registo do período de dados e dos intervalos de tempo específicos em condições de estado estacionário, o caudal de fluido e a irradiância têm de ser reduzidos com um intervalo de ±1,5%, ±55w/m^2 , respetivamente. Os resultados mostraram que a PSTC pode atingir eficiências ópticas médias diárias de 75,85% e 63,57% para eficiências térmicas.

O aquecedor solar de água de calha parabólica reprodutível é uma tecnologia renovável adequada para reduzir o custo do aquecimento da água e o sistema solar de aquecimento de água (SWHS) com tecnologias de concentração ótica são importantes candidatos para fornecer energia solar a granel. O desempenho térmico do presente trabalho foi melhorado em 15% e 17% em termos de eficiência ótica e eficiência térmica em comparação com outro tipo de coletor solar com incorporação de nanofluido. Estes colectores solares são uma alternativa para aplicações de média escala, como o processamento industrial, a tecnologia de processamento alimentar e a utilização doméstica.

Conteúdo

Lista de acrónimos

Nomenclature		
Symbols	**Physical parameters**	**SI units**
a	Aperture width	mm
Aa	Aperture area	m2
A_r	Surface area of receiver	m2
CR	Concentration ratio	
c_p	Specific heat capacity	kJ/kg°k
d	diameter of tube	mm
f	Focal length	mm
L	Collector length	mts
I	Solar insolation	w/m2
T	Temperature of fluid	°k
h	Height of the parabola	mm
g	Gravity	m/s2
m	Mass flow rate	Kg/hr
R	Radius of sun center	Mts
Io	Hourly radiation	J/m2
AM	Air mass	Kg
t	Time intervals	Sec
Q	Rate of heat transfer	KW
q	Heat flux	w/m^2
K	Thermal conductivity	w/m°k
D	Average diameter b/w sun and earth	mts
U	Overall heat transfer coefficient	$w/m^{2o}k$
h	Convective heat transfer	$w/m^{2o}k$
Lc	Characteristic length b/w collector	mts
Re	Reynolds number	
Gr	Grashof number	
Pr	Prandtl number	
Ra	Raleigh number	
Nu	Nusslet number	
Vnf	Velocity of Nano-particles	m/s
m	Mass flow rate	Kg/hr
R	Radius of sun center	mts
Ho	Daily radiation	$J/day.m^2$

Io	Hourly radiation	J/m^2
AT	Temperature difference	°c
E	Apparent energy	W
FR	Heat removal factor	
F	Collector efficiency factor	
F	Collector flow factor	
f	frequency	Hertz
G	Incident ray on the aperture	w/m^2
n	Average number of reflections	
N	Daily light hours	
/XZ	Maximum duration of active sunshine's	
P	Normal atmospheric pressure	KPa
H	Monthly average global radiation	J/m^2day
I,i	Hourly(instantaneous)radition,incident rays	
S	Absorbed radiation	w/m^2
V	Volume (m3),Electric voltage(v)	
SWHS	Solar water heating systems	
FPC	Flat plate collectors	
EPC	Evacuated tube collectors	
PTC	Parabolic trough collector	
CSP	Concentrated solar power	
RGO	Reduced graphene oxide	
PTCs	Parabolic trough collector systems	
NHTFs	Nano-heat transfer fluids	
FS	Flashed simulator	
CS	Continuous simulator	
SWHS	Solar water heating systems	
Greek symbols		
P	Dynamic viscosity	Ns/m^2
V	Rim angle	Degree
a	Thermal diffusivity (m^2/s), absorptivity	

P	Density(Kg/m3),reflectivity	
P	Tilting angle(degree),coefficient of friction	
n	Efficiency	%
o	Stefan Boltzmann's constants	$w/m^{2o}k^4$
	Latitude	Degree
y	Solar azimuth angle	Degree
*	Declination	Degree
0	Incident beam radiation	Degree
n	Pi	
£	Emissivity	
A	Partial derivatives	
X	Wavelength	nmts
Subscripts		
a	Aperture,apparent,ambient,area	
ann	annulus	
B	Beam	
C	collector	
c	Condenser	
conv	convection	
D	diffuse	
e	Evapartor,envelope,effieiency	
eff	Effectivective	
Exp	Experimental	
f	Fluid inlet	
fo	Fluid outlet	
G	Ground	
h	Hemisphere radiation	
i	Inlet, incident, instantaneous	
inc	Inclined	
ins	Instability	
liq	Liquid	
m	Mass	
max	Maximum	

min	Minimum
N,n	Normal direction, normal surface
Nu	Nussle number
nu	Non-uniformity
o	Optical,outlet,outer
R	Reflector
ref	reflection
sat	Saturation
S	Slope, surface
T	Tilt
t	thickness
tot	Total
u	Useful
v	Vapor
w	Water, width
x,y	Cartesian coordinates
Z	Sloped surface-axis

Capítulo 1

Introdução

1.1 Questões energéticas na Índia

I A Índia é um dos maiores consumidores de energia e ocupa o quarto lugar no consumo mundial de energia. O seu consumo de energia continua a aumentar, mas a energia interna indiana está a diminuir. O problema das infra-estruturas de energia conduz à pobreza da energia nacional. A Índia e os EUA renovaram o seu acordo de cooperação em matéria de energias limpas em 12 de março de 2014. Nesta reunião, a Índia e os EUA concluíram que ambos os países devem cooperar na investigação e desenvolvimento de energias limpas. As conversações incidiram sobre a coordenação do desenvolvimento científico, a fim de aumentar a utilização de tecnologias respeitadoras do ambiente. Estas coordenações são principalmente implementadas em seis tipos de indústrias, tais como a energia, o desenvolvimento sustentável da energia, as energias renováveis, o carvão, o petróleo e o gás e outras novas tecnologias. O objetivo do acordo é expandir o comércio, criar um melhor quadro regulamentar e desenvolver a cooperação entre empresas. Em 2009, foi estabelecida a Parceria para o Avanço das Energias Limpas (PACE), graças à qual os EUA e outras nações amigas começaram a apoiar a Índia nas suas necessidades energéticas. A Índia está a trabalhar arduamente num crescimento mais rápido da energia, o que terá impacto na economia global e no mercado energético da Índia. Com estes factores em mente, há 5 pontos a saber sobre a energia na Índia.

1.1.1 Produção de energia a partir do carvão na Índia

De 2012 a 2013, a Índia produziu 557 toneladas métricas de carvão e as indústrias de energia estão a crescer rapidamente na Índia, consumindo uma maior percentagem de carvão. O Governo da Índia nacionalizou a produção de carvão em 1970, após o que a produção de carvão aumentou. O objetivo do Governo da Índia é produzir 795 toneladas métricas de carvão até 2016-2017. A Índia está a importar o carvão para satisfazer a procura do mercado devido à menor produção devido a calamidades naturais, greves de trabalhadores e maior calor no verão. O carvão é o fator mais essencial para as necessidades energéticas da Índia

1.1.2 Petróleo e consumo de petróleo na Índia

A Índia é um dos maiores importadores de petróleo bruto e ocupa o quarto lugar no consumo mundial de petróleo bruto. A Índia tem uma urbanização crescente e o país tem um maior número de famílias de classe média, pelo que o consumo de petróleo é comparativamente elevado. Os países do Médio Oriente são os maiores exportadores de petróleo bruto, mas alguns dos desenvolvimentos e investimentos na América do Sul e no Mar Cáspio ajudarão a Índia a aumentar o consumo de petróleo. Devido à liberalização em 1991, as indústrias petrolíferas estão a crescer lentamente e as reformas estão em curso. O governo da Índia tem duas grandes empresas, a Oil India Limited (OIL) e a Oil and Natural Gas Corporation (ONGC), que dominam os sectores da produção e da refinação na Índia. No entanto, nos últimos anos, algumas reformas levadas a cabo pelo governo aumentaram a concorrência e o investimento estrangeiro no país, mas afectaram os investidores nacionais.

1.1.3 Dependência das importações para satisfazer a procura crescente de gás

Os sectores energéticos indianos procuram o gás para satisfazer as suas necessidades energéticas, mas as questões geopolíticas têm mais influência nas importações de gás. O governo indiano tentou estabelecer ligações de tubos a partir do Irão, Myanmar, Paquistão, Turquemenistão e Afeganistão, mas os planos falharam devido a disputas fronteiriças e outras questões políticas. A produção interna de gás da Índia diminuiu nos últimos anos e continuará a diminuir a produção de gás prevista para 2014-2015. A Índia tem uma maior procura de gás natural para a produção de energia, problemas com as importações de gás natural de países estrangeiros e o seu próprio problema de redução da produção de gás, a Índia tem de enfrentar o desafio com uma maior concentração na produção de gás natural...

1.1.4 A escassez de eletricidade diminui a produção industrial

Atualmente, a Índia produz 65% da eletricidade a partir de fontes não renováveis, 19% a partir de centrais hidroeléctricas, 12% a partir de fontes de energia renováveis e 2% a partir de centrais nucleares. O país está a enfrentar a falta de oferta para a procura devido ao rápido crescimento. Muitas empresas enfrentam perdas de lucros devido à escassez de fornecimento de eletricidade, à diminuição da produção durante um curto período de tempo e ao abrandamento da produção, e acrescentam algum montante do investimento de capital que é pago à força para unidades de reserva de energia. A Índia tem um problema grave de falta de infra-estruturas para o fornecimento de eletricidade e a procura crescente faz parte deste problema, que afecta o crescimento económico global do país.

1.1.5 A desigualdade alastra e a pobreza energética

A Índia tem muitos problemas de acesso à energia e o subcontinente é afetado por grandes desigualdades de acesso. Na Índia, segundo os censos, cerca de 7,7 milhões de agregados familiares ainda utilizam querosene para iluminação. Nas zonas rurais da Índia, os problemas são maiores devido à falta de eletricidade, pelo que cerca de 44% das famílias utilizam querosene para iluminação. O governo da Índia introduziu vários programas e acções para ultrapassar a pobreza energética, mas estes enfrentam muitos problemas logísticos e uma implementação inadequada nas zonas locais. Nas aldeias rurais da Índia há diferentes problemas de geografia dos terrenos e a resolução do problema é mais dispendiosa e difícil. A Índia tem o problema da maior procura mas da oferta insuficiente. A Índia tem uma população mais elevada e um país em rápido crescimento, necessitando de mais desenvolvimento em termos de infra-estruturas e eficiência. Para satisfazer as necessidades energéticas, a Índia tem de aumentar a sua eficiência em todos os sectores [1].

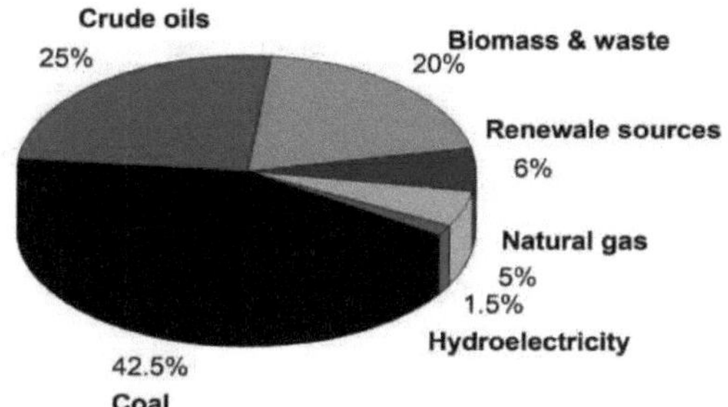

Fig 1.1 Necessidades energéticas na Índia de acordo com as estatísticas de 2013-14

1.2 Potencial de energia solar no estado de Karnataka

O Estado desenvolveu-se mais do que o Tamil nadir e tornou-se o maior produtor de energia renovável da Índia, com uma capacidade de produção de energia de 12,35 GW, muito superior à de países europeus como os Países Baixos e a Dinamarca. Inclui energia solar de 5 GW, obtém 4,7 GW de energia eólica e cerca de 2,6 GW de energia hidroelétrica, de biomassa e de cogeração de eletricidade e calor. No entanto, em 2013, Karnataka tinha uma capacidade de produção de eletricidade a partir do carvão de 6,8 GW, que era muito superior à sua capacidade de produção de energia limpa de apenas 4 GW. Atualmente, o Karnataka tem uma capacidade de produção de eletricidade a partir do carvão de cerca de 9,8 GW, mas não se sabe se o Estado mudou para uma produção de energia solar que respeite o ambiente [2].

1.2.1 Políticas de inovação de Karnataka

O Governo de Karnataka tomou rapidamente a decisão de aplicar várias políticas que incentivarão a criação de um maior número de parques solares para desenvolver novas tecnologias e também sensibilizar os agricultores para a utilização de fontes de energia renováveis. Em Karnataka, as empresas privadas começaram a produzir mais energia renovável quando a Comissão Reguladora da Eletricidade de Karnataka (KERC) decidiu retirar uma série de sobretaxas anteriormente aplicadas ao sector privado, que fornecia energia solar diretamente das empresas aos consumidores e não através da administração estatal de eletricidade . Esta medida contribuirá para o desenvolvimento do parque solar industrial de Pavagada Taluk, de 2 GW, a segunda maior central de energia solar do mundo, que está a ser construída num terreno de 110 acres. O Governo de Karnataka está a aplicar um regime de produção de energia solar pelos agricultores e a obter subsídios para bombas de irrigação alimentadas a energia solar [3].

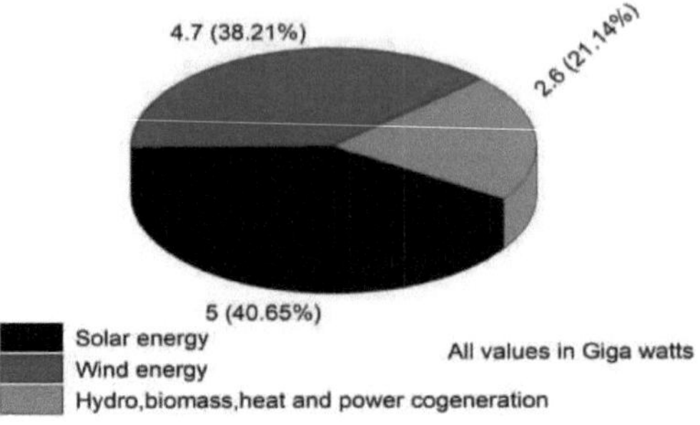

Fig 1.2 Potencial de energia renovável em curso no Estado de acordo com a procura em 2017-18

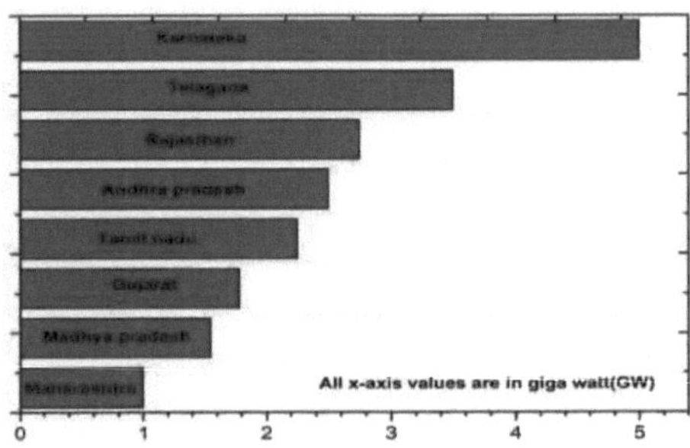

Fig 1.3 Investigação indiana; oito estados instalaram mais de GW de energia solar

1.3 Sistemas de energia solar na Índia

A energia solar é um componente essencial para quase todos os aspectos da qualidade de vida, bem como para o crescimento da economia nacional. Este é um fator de crescimento sustentável multidimensional da sociedade. À partida, o esgotamento dos combustíveis fósseis está associado a preocupações ambientais e a questões socioeconómicas com o método convencional de aquecimento solar e sistemas de produção de energia. Desde que a Índia foi abençoada com uma enorme radiação solar, com uma disponibilidade média de 250-300 dias de sol e uma incidência estimada de energia de cerca de 500 triliões de KWh por ano. O governo da Índia planeou o aumento de 100 GW de energia solar até 2022, o que faz a ponte entre a procura e o fornecimento de energia a todos. Os serviços públicos e a indústria envolvida no fabrico de equipamento solar terão a oportunidade de compreender as necessidades da nossa nação. A inovação e o surgimento de novas técnicas de acordo com as necessidades do estilo de vida humano [4].

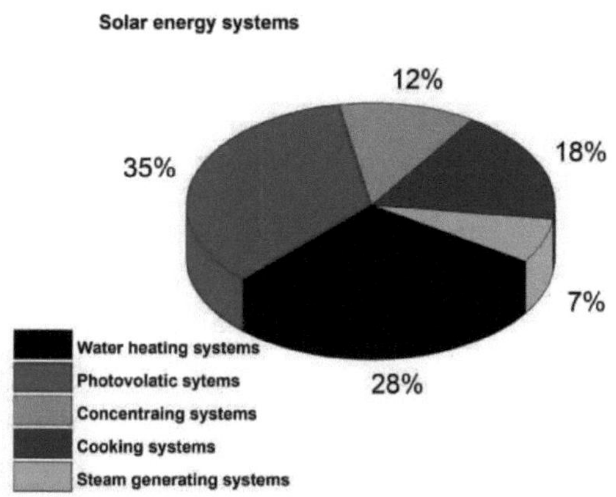

Fig 1.4 Utilization of solar energy systems on current demands in India

1.3.1 Sistemas solares de aquecimento de água

Um sistema de aquecimento solar de água consiste num coletor de radiação solar para recolher a energia radiante do sol e tem um tanque de armazenamento completamente isolado para armazenar água quente. Quando a energia solar (radiação) incide sobre o painel absorvente, que é revestido com um revestimento selecionado, ligado ao tubo recetor. Quando a água flui no interior dos tubos ascendentes é aquecida e esta água quente é armazenada no depósito de armazenamento. A recirculação da água quente armazenada através do painel absorvente faz subir a temperatura da água até 100^0 c em dias de bom sol. O sistema incorporado com coletor solar, tanque de armazenamento e tubo recetor é conhecido como sistema de aquecimento solar de água [5].

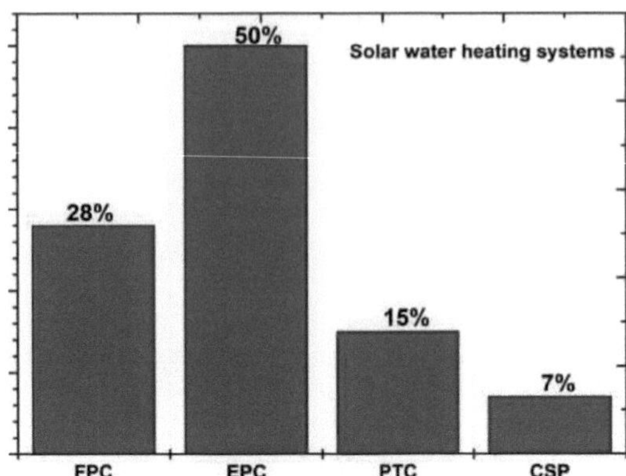

Fig 1.5 Sistemas solares de aquecimento de água atualmente disponíveis no mercado indiano

1.3.1.1 Colectores de placas planas

Os colectores de placa plana absorvem a radiação emitida pelo sol e consistem numa caixa exterior isolada e feita de metal, coberta com uma folha de vidro na parte superior e dentro da caixa são apresentadas folhas metálicas enegrecidas que actuam como absorventes. Estas folhas estão ligadas a tubos de elevação ou canais para transportar água[6].

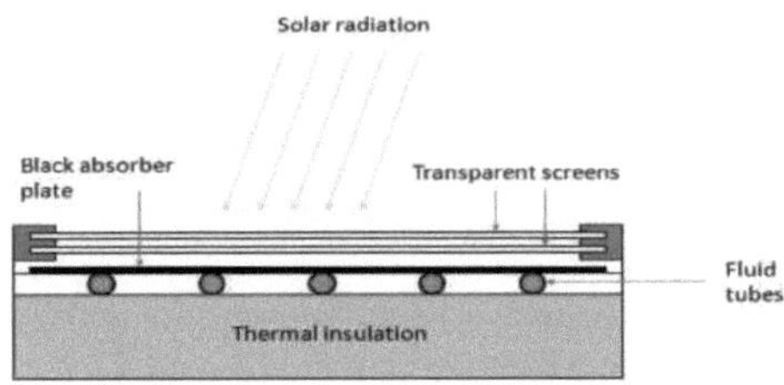

Fig 1.6 Vista em corte dos colectores de placa plana

As folhas metálicas enegrecidas absorvem a radiação emitida pelo sol e transferem o calor para a água corrente no interior do tubo ou canal. Trata-se da geração 1st de sistemas de colectores solares e o governo indiano anunciou que o 60BIS (Bureau of Indian Standards) aprovou fabricantes e fornecedores em todo o país. No total, 28% dos sistemas de colectores de placas planas são utilizados em vários domínios de aplicação.

1.3.1.2 Colectores de tipo tubo evacuado

Os colectores de tubos evacuados são tubos de duas camadas, feitos de borossilicato de vidro, e fornecem um tipo de isolamento tubular. Os materiais de absorção selectiva são revestidos na parede exterior do tubo interior. O revestimento da parede exterior ajuda a absorver a radiação solar e a enviar o calor absorvido para os tubos interiores e a água no interior do tubo é aquecida. Atualmente, este tipo de sistemas de colectores está a funcionar com uma produção maior para a procura de utilização doméstica e algum processamento de aquecimento industrial para unidades de produção de vapor quente pressurizado para aplicações comerciais. No total, 50% dos sistemas de colectores de placa plana são utilizados em vários campos de aplicação [7].

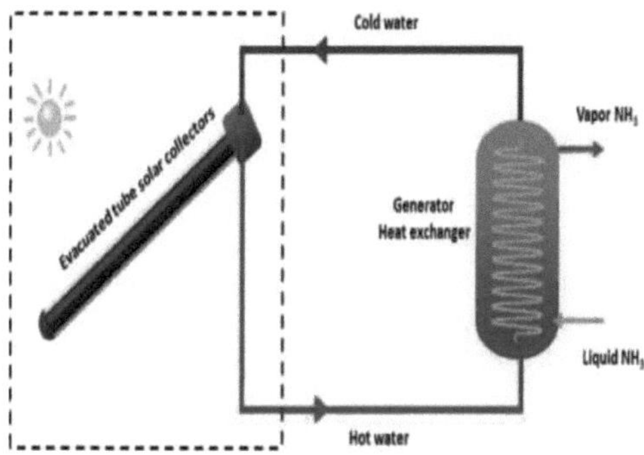

Fig 1.7 Vista em corte dos colectores de tubos de vácuo

1.3.1.3 Colectores de calha parabólica

Os colectores de calha parabólica são repetidamente utilizados para a produção de vapor quente pressurizado e para trabalhar com temperaturas elevadas (>100^0 c), sem que a eficiência do coletor diminua seriamente.

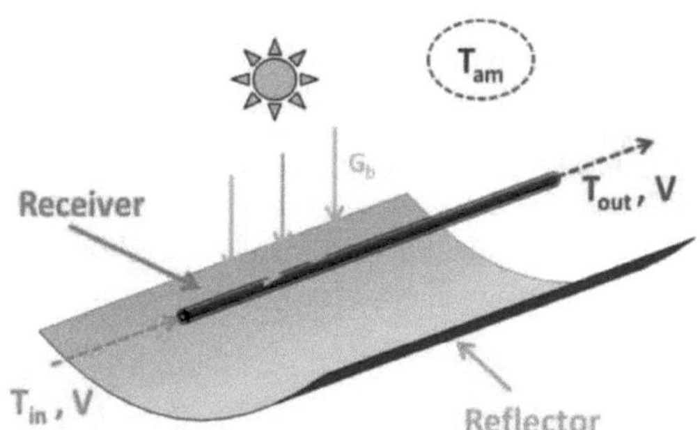

Fig.1.8 Vista da secção de colectores parabólicos passantes

A radiação emitida pelo sol que incide no coletor é utilizada para aquecer o tubo. O fluido flui no interior do tubo e aumenta a sua temperatura devido à radiação solar incidente sobre ele. Foi criado um vácuo à volta do isolamento do tubo nas suas secções posteriores. A temperatura do fluido à saída do tubo é calculada através de um programa de simulação desenvolvido e a eficiência dos colectores parabólicos é função da temperatura de saída que é mostrada por este programa. O diâmetro do recetor e o diâmetro ativo dos tubos são incorporados com a radiação solar recebida. Este tipo de colectores está a surgir lentamente na Índia para melhorar a eficiência solar e ótica dos sistemas de aquecimento solar de água. Atualmente, 15% das actividades de investigação e desenvolvimento incidem sobre sistemas de colectores de calha parabólica [8].

1.3.1.4 Concentração de energia solar

As centrais de concentração de energia solar incluem armazenamento, cujo principal objetivo é aquecer sal fundido ou óleo sintético, que é armazenado a alta temperatura num tanque isolado. A energia solar que está disponível na luz solar é utilizada para gerar energia 24 horas por dia, a pedido, como uma central eléctrica de seguimento da carga. Mais tarde, o sal ou óleo fundido a alta temperatura é formado por um gerador de vapor para gerar vapor de alta pressão para gerar energia eléctrica por meio de lâminas de turbojacto. Existem vários tipos de concentradores que produzem muitos tipos de temperaturas de pico e respectivas eficiências térmicas, devido à diferença no seguimento da luz solar e da luz de focagem. A tecnologia da energia solar concentrada é objeto de novas inovações que estão a levar o sistema a tornar-se mais rentável e a nossa nação exige fortemente a sua substituição no lugar do esgotamento do petróleo bruto. Os investigadores estão a aumentar a investigação de reactores solares térmicos para produzir combustíveis solares e torná-los combustíveis transportáveis nas décadas futuras [9].

1.4 Importância dos fluidos de nano-transferência de calor

O nanofluido tem as seguintes vantagens em comparação com os fluidos convencionais: estas vantagens tornam-no perfeito para utilização em colectores solares:

- Uma nanopartícula tem a capacidade máxima de absorver energia solar com a alteração do tamanho, da forma, da fração volumétrica e do material.
- As nanopartículas em suspensão têm um tamanho de partícula muito pequeno, devido a este fator a área de superfície aumenta e a capacidade térmica do fluido diminui.
- O aumento da condutividade térmica devido às nanopartículas em suspensão melhorará a eficiência dos sistemas de transferência de calor.
- Se variarmos a concentração das nanopartículas, podemos facilmente alterar as propriedades do fluido.
- As dimensões das nanopartículas são extremamente pequenas, pelo que podem passar facilmente através de bombas. As nanopartículas podem ser opticamente selectivas

(baixa emitância na gama de luz infravermelha e maior absorção na gama solar).

No caso anterior, a radiação solar é absorvida por uma superfície, mas no último caso a radiação é diretamente absorvida pelo fluido de trabalho através de transferência radiada. A diferença básica entre o coletor baseado em nanofluidos e o tipo convencional reside no modo de aquecimento do fluido de trabalho [10].

1.5 Objectivos do trabalho de investigação

Os objectivos que se seguem são extraídos da abordagem básica fundamental estudada com base no levantamento no terreno dos sistemas solares de aquecimento de água.

- Estudar a nova conceção e fabrico de colectores simples de calha parabólica para melhorar o desempenho do sistema de aquecimento solar de água (SWHS).
- Seleção de materiais para a conceção de sistemas de colectores de calha parabólica. Geralmente, as chapas de aço inoxidável são utilizadas como reflectores parabólicos e o tubo de aço galvanizado como recetor.
- Estudar o ângulo de inclinação ótimo para o sistema de aquecimento de água termo-sifão-solar nas regiões do sudeste.
- Seleção de fluidos de transferência de calor nanométricos e comparação com fluidos de transferência de calor do tipo convencional para melhorar eficazmente a baixa capacidade de aquecimento nos sistemas solares de aquecimento de água.
- Estudar a eficiência térmica e a temperatura máxima de saída da água quente com a ajuda de colectores de calha parabólica concebidos e incorporados com fluidos de transferência de calor nanométricos.
- Estes resultados experimentais são comparados com a abordagem teórica da existência de sistemas de aquecimento solar de água (SWHS).

1.6 Metodologia de investigação

O seguinte fluxograma descreve a secção da tese e o objetivo de clarificar os métodos seguidos.

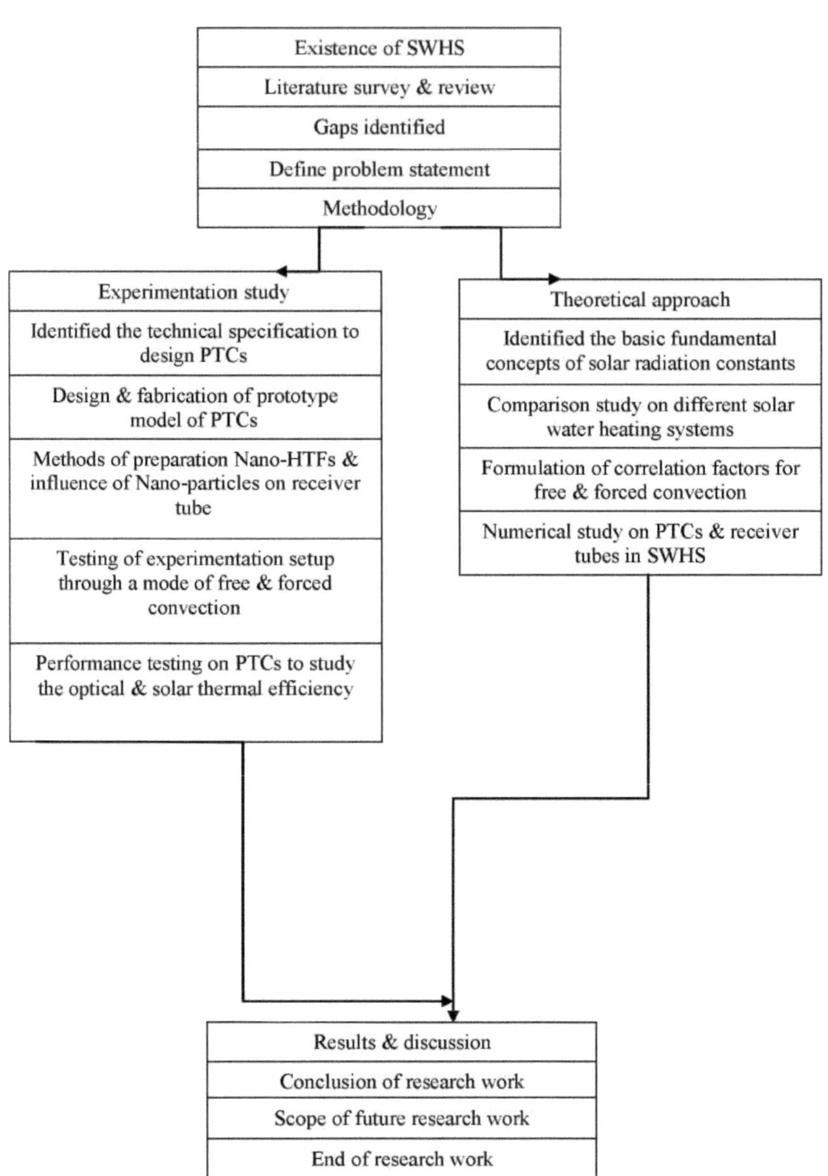

Quadro.1 Fluxograma da metodologia de investigação

1.7 Limitações do estudo

Esta investigação teve algumas limitações, nomeadamente

- Devido à variação dos padrões climáticos, seleccionámos aleatoriamente três dias consecutivos de cada mês ao longo do ano.
- O projeto e o fabrico de protótipos de PTCs são restritos ao âmbito da geração de água quente incorporada com Nano-HTFs.

1.8 Esboço da tese

O primeiro capítulo é a **Introdução**

Fornece informações gerais sobre os sistemas solares de aquecimento de água (SWHS) no que respeita à motivação, finalidade, âmbito do trabalho, metodologia, objectivos de investigação e desenvolvimento. No primeiro capítulo, são abordadas as questões energéticas na Índia e no Estado de Karnataka. A procura potencial de fontes de energia renováveis também é discutida. São também apresentados os aspectos fundamentais básicos dos sistemas de colectores de placas planas, evacuados, de calha parabólica e de energia solar concentrada.

O segundo capítulo é a **revisão da literatura**

Apresenta o contexto histórico do tema, a especificação técnica teórica e normalizada que dá orientações para o desenvolvimento de modelos de protótipos e o estudo numérico. É discutido o nível de exploração global de quatro tecnologias principais com o princípio de funcionamento. O estudo envolve as influências de Nano-HTFs em SWHS e também discute brevemente a estrutura do coletor de calha parabólica e os parâmetros do tubo recetor.

O terceiro capítulo é "**Experimentação e especificações técnicas**

Neste capítulo, todos os dados de especificação técnica relevantes são obtidos com base em pesquisas e revisões da literatura. São fornecidas todas as informações necessárias para a conceção e o desenvolvimento do modelo de protótipo da estrutura do coletor de calha parabólica. A seleção de materiais, a composição química, as propriedades térmicas e a preparação de Nano-HTFs e o efeito dos parâmetros ópticos dos PTCs são explicados brevemente. Estes testes são seguidos de métodos de convecção forçada e livre. Neste capítulo, são explicadas todas as teorias relevantes e os cálculos da radiação solar para os parâmetros constantes do centro do sol. Os conceitos teóricos desenvolvidos e compreendidos das propriedades termofísicas dos materiais utilizados para construir a estrutura do coletor de calha parabólica com fluidos de transferência de calor nanométricos em diferentes campos.

Fornece os conceitos fundamentais gerais e básicos da simulação numérica. A modelação, a configuração da geometria, a malha, as propriedades termofísicas do tubo recetor e do coletor de calha parabólica são analisadas. A temperatura de saída do fluido de trabalho nos tubos receptores é discutida brevemente.

O quarto capítulo é constituído pelas **Conclusões e recomendações futuras**

Neste capítulo, analisa-se uma síntese dos resultados e recomenda-se a implementação deste trabalho de investigação para benefício humano da sociedade.

Capítulo 2

Revisão da literatura

2.1 Coletor de calha parabólica

Discutimos um grande número de modelos de colectores solares com diferentes tipos de processos de conversão da energia solar em energia térmica (ver Fig. 2.1). São utilizados muitos tipos de colectores solares, tais como colectores de placa plana, colectores de evacuação, colectores de energia concentrada e colectores de resistência parabólica. Todos estes colectores têm vantagens e desvantagens específicas na utilização de sistemas solares de água quente. Geram temperaturas elevadas e uma maior eficiência do coletor solar. Um coletor solar parabólico é um tipo de coletor térmico que tem por função absorver as radiações directas numa área de superfície maior e concentrá-las ou focalizá-las num ponto focal mais pequeno. A energia solar recebida por um fator de aumento de dois significa maior calor por unidade de área da calha. Para a conceção da forma dos colectores, que são especificamente constituídos por superfícies espelhadas reflectoras de aço inoxidável ou alumínio, os incidentes no coletor atingem primeiro a luz solar. Os colectores solares têm geralmente a forma de uma calha em U, concentrando as radiações num tubo absorvente de calor, conhecido coletivamente como modelo de tubo recetor, e a posição do tubo, juntamente com a reflexão dos eixos do ponto focal [11].

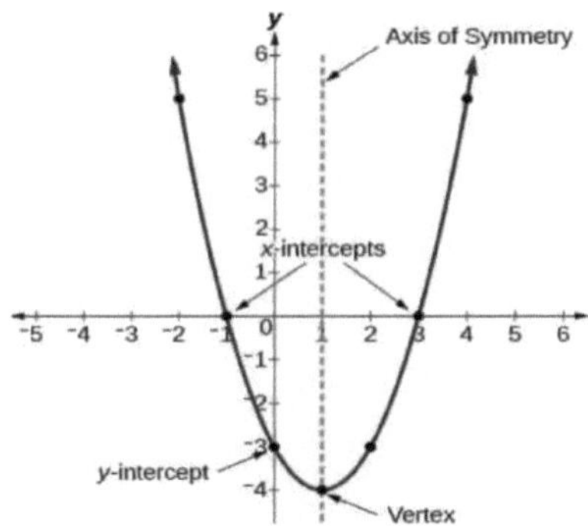

Fig 2.1 Vista em corte da função quadrática do refletor

2.1.1 Refletor de calha parabólica

Estes tipos de reflectores são fabricados facilmente dobrando a paragem do refletor ou dando-lhe a forma de parábola e o seu material polido é conhecido como parábola. Assim, as ondas solares são facilmente paralelas umas às outras. Podemos obter um ponto focal total de saída de cada uma das radiações solares dirigidas para o coletor solar (ver Fig. 2.2).

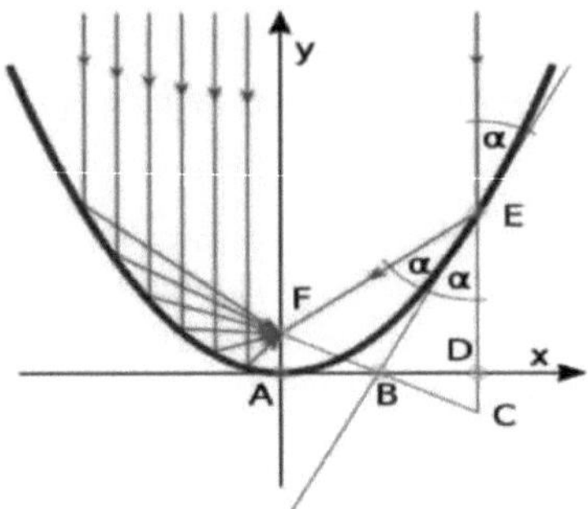

Fig 2.2 Vista em corte dos reflectores de parábola;[12]

Resumidamente,

Os colectores solares térmicos são constituídos por um espelho refletor parabólico estendido, feito de Al polido ou pintado de prata reflectora, e o espelho estende-se linearmente em forma de calha. Um tubo absorvente é revestido por tinta preta com um invólucro de vidro selado que pode ser exaurido é empregue para reduzir as perdas de calor. Os fluidos de transferência de calor estão à volta de um laço no interior do tubo que intersecta o calor porque passa através dele (ver Fig. 2.3).

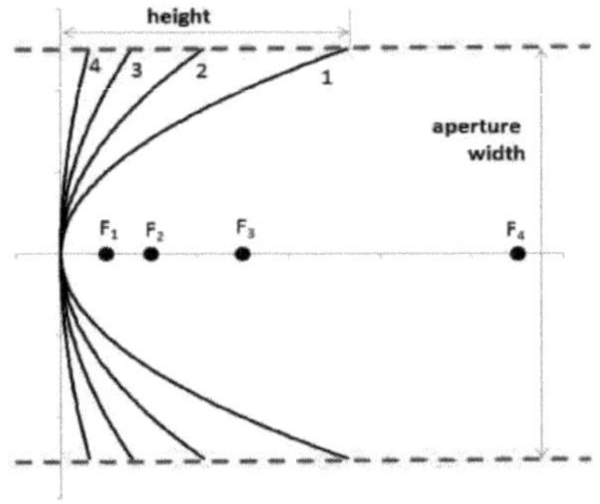

Fig 2.3 Vista em corte da abertura largura/altura da parábola;[13]

O refletor de calha parabólica produzirá uma temperatura de altura abundante com uma eficiência mais elevada do que o coletor de placa plana e um absorvente que se estende em menor. O fluido de transferência de calor que mistura a água e algumas adições ou óleo térmico. Através deste estudo, um tubo absorvente pode ser suportado a uma temperatura superior a 2000°C. A partir do sistema ativo de circuito fechado, estas novas formas parabólicas do refletor são diretamente utilizadas para converter a energia solar em energia térmica (ver Fig. 2.4).

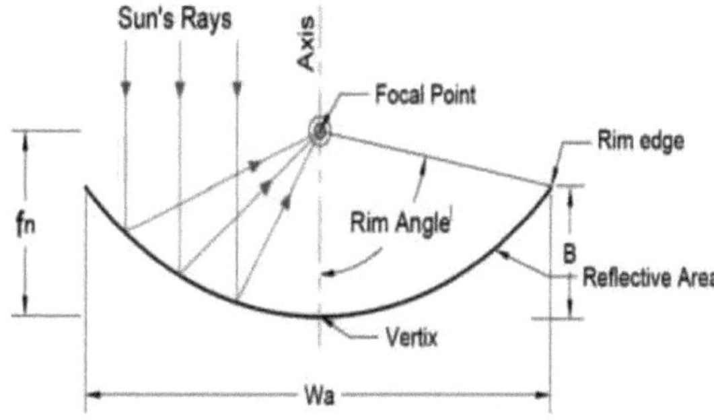

Fig 2.4 vista de secção do ângulo de incidência em PSTC;[14]

A fim de melhorar o desempenho térmico com a utilização de instrumentos mecânicos, as constantes recolhem as radiações para o tubo absorvente (tubo de calor). Para atingir o rácio de concentração máximo ao longo do dia, os mecanismos de seguimento do sol desempenham um papel virtual nos alinhamentos da calha (norte-sul, este-oeste).

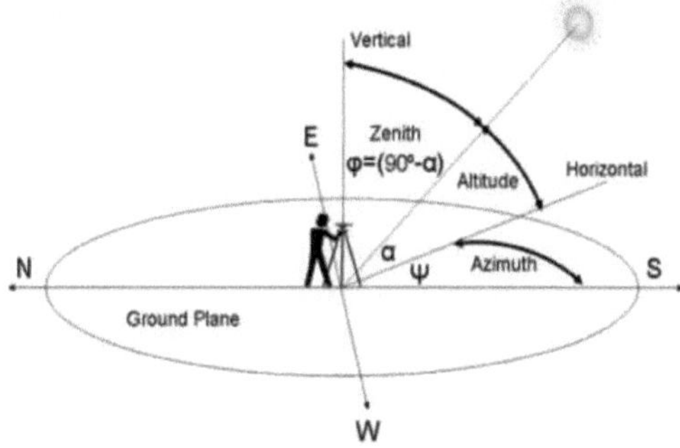

Fig 2.5 Vista em corte do mecanismo de seguimento da radiação solar;[15]

Os sistemas de rastreio são colocados de duas maneiras: na primeira, um coletor é atribuído à direção este-oeste (perseguindo o sol de norte a sul) e a orientação do coletor é atribuída à direção norte-sul (perseguindo o sol de este-oeste).

2.1.2 Resumo da literatura sobre o PTC

Mohammad. Alghoul etal, os principais desenvolvimentos de colectores solares térmicos que se concentram na seleção de materiais, fluidos de transferência de calor e desafios na unidade de fabrico. A análise do trabalho inclui os colectores solares (tubo evacuado ou placa plana) foram estudados. O desempenho é testado em tecnologias construídas em colectores solares dominantes e fornece uma informação relativa aos tipos de colectores solares térmicos indicados por uma exploração adicional em colectores de placa plana. Os aspectos fundamentais para a elaboração de um manual de métodos de ensaio ASHARE para sistemas solares de aquecimento de água em aplicações totalmente diferentes. Devido ao fluxo de vento, para evitar as perdas de calor, foi previsto um revestimento de vidro no tubo absorvente com isolamento para um funcionamento seguro. O resumo deste trabalho foi concluído, como a relação custo-eficácia, o envelope de vidro (baixo teor de ferro), os materiais de revestimento eletivo são relativamente baixos em comparação com as maiores radiações solares nos colectores e os fluidos operacionais super condutores.

Tabela 2.1 Tipos de colectores com fator de conversão e fator de perdas térmicas a diferenças de temperatura específicas;[16]

Coleccionadores	Fator de conversão (F)	Fator térmico (w/m- k)	Temperatura (o c)
Placa plana	0.66-0.83	2.9-5.3	20-80
Tubo evacuado	0.81-0.83	2.6-4.3	20-120
Tipo de [illegible]	0.55-0.65	2.4-2.65	20-170
Tubo evacuado	0.625-0.85	0.72-2.5	50-120

Eltahir.Ahmed.Mohammad, estudaram uma investigação experimental dos benefícios do forno SPTC em condições ambientais locais. O desempenho do coletor funciona eficientemente no comprimento efetivo do concentrador de temperatura. Foi descoberto um PTC de baixa escala com folhas de SS oferecidas como superfície do espelho refletor e o tubo de calor de SS é coberto por material galvanizado. A distribuição da radiação solar como tecnologia na região de Darfur e esta configuração de trabalho experimental foi demonstrada no Centro de Energia (ERCUN) da Universidade de Nyala. O refletor em forma de parábola foi facilmente desenvolvido através da conceção de parâmetros físicos no Departamento de Engenharia Mecânica (longitude-24.92^0 E, latitude-12.150N) com a seleção da orientação este-oeste do mecanismo de seguimento do sol. O sistema de circulação de fluidos (convecção natural) e a água foram considerados como fluidos de transferência de calor. Para o funcionamento seguro em estado estacionário dos fluidos de transferência de calor, o comprimento total da calha é de (82%). Este processo solar térmico aceita razoavelmente o comprimento da calha com (86%) de luz solar. Este resultado contribui para a produção do comprimento da calha, para a qualidade superior do fluxo e pode ser económico para a produção de eletricidade [17].

Tabela 2.2 Propriedades dos materiais de isolamento comuns (Kehrar & kunzel, 2003)

Imóveis	Expandido Poliestireno 15	Expandido Polieltreno 30	Poliestireno extrudido	Espuma de poliuretano	Espuma fenólica
Densidade (kg/m)^3	14	29	31	35	31
Condutividade (w/m-k)	0.039	0.035	0.25	0.017	0.026
Resistência à compressão (N/m)^2	34	109	299	199	169
Absorção de humidade	Médio	Baixa	Médio	Baixa	Médio

A.Valan.Arasu etal, o coletor de calha parabólica (PTC) está atualmente a receber uma atenção considerável, apesar do facto de este dispositivo de concentração solar necessitar de um certo nível de energia solar. A desvantagem inerente a esta exigência é aparentemente compensada pelas vantagens relacionadas com a elevada ordem de concentração que se pode obter com o coletor. A medida PTC mais popular para a geração de vapor solar como resultados de temperatura de leituras 300^0 c pode ser obtida enquanto não muita degradação dentro da potência do coletor.

Tabela 2.3 Propriedades termofísicas dos diferentes materiais dos tubos absorventes;[18]

Materiais	Condutividade térmica (w/m-k)	Capacidade térmica específica (kJ/kg- k)
Prata	429	0.230
Cobre	401	0.390
Ouro	310	0.130
Alumínio	237	0.856
Latão	108	0.330
Ferro	80	0.460
Aço	46	0.510
Aço inoxidável	32	0.420

Budi.Kristiawan etal, foi realizado um estudo experimental para verificar o desempenho térmico do nanofluido TiO2/água destilada num modelo de recetor de tubo exaurido com uma concentração de nanopartículas de Ti de 0,1% Vol. O PSTC é um recetor de tubo exaurido tipicamente utilizado para absorver rapidamente a reflexão da radiação de reflectores parabólicos. O fluxo de calor uniforme é gerado por vários accionamentos eléctricos para uma magnitude fixa em vez da radiação diária. Estes resultados da investigação mostram que o fluxo de calor aplicado tem um efeito simples na temperatura de saída dos nanofluidos, sem influência na variedade de dimensões (número de Nusselt). O conjunto 17 indica que os problemas de fricção do nanofluido verificado em cima do fluido inferior. Para o desempenho térmico, a melhoria comum da variedade do número de Nusselt entre a condição não evacuada e evacuada rende 21,7%, 17,9% para nanofluido/água. Devido à principal adição de nanopartículas ao fluido de base, as alterações das propriedades termofísicas do nanofluido e o fenómeno dos parâmetros térmicos na parede interna do tubo desempenham um papel crucial na melhoria da transferência de calor. Com a aplicação de aplicações em condições de exaustão no tubo recetor, o desempenho térmico do nanofluido é muito mais económico do que o de condições não evacuadas [19].

Quadro 2.4 Especificações básicas do tubo evacuado de vidro duplo da focus technology co.ltd

Materiais	Vidro borossilicato 3.3
Revestimento de absorção	Gr adicionado Al-N/Al
Emitância	<7% (80%)
Absorção	>93%(AMI.5)
Vácuo	$P<4,5 \times 10^{-3}$ Pa
Perda de calor	<0,85w/m-k
Temperatura de estagnação	>2000c
Resistência máxima	0,8MPa
Expansão térmica	$3,3 \times 10^{-6}$ mm/mm- c°

Seinthisree.Nerella etal, as actividades de investigação e desenvolvimento quadrado medido alocados para impulsionar um método de transferência de calor recuar perda de energia com tarefa vital durante esta área da boa demanda de energia. As taxas de transferência de calor são aumentadas em colectores solares com dispersão de nanopartículas. A análise avançada em engenharia de fluidos de transferência de calor em ascensão referidos como nanofluidos que medem a mistura de fluidos metálicos ou partículas de cerâmica. Os nanofluidos possuem um vasto potencial para aumentar a transferência de calor de um fluido devido a propriedades de transferência térmica melhoradas. Com esta utilização de nanofluidos em vez de fluidos típicos, a taxa de transferência de calor é cumulativa. O fenómeno físico por transferência de calor é a exaustão do adoçamento, a transferência de calor convectiva abaixo de cada modelo de nanofluido e a condição de ebulição por transferência de calor no regime de nucleação [20].

Deepika.Tamta etal, existe um potencial de energia solar que pode ser obtido na república da Índia e que fornece vias tecnológicas para a conversão da radiação em calor com eletricidade. Um fenómeno solar elétrico e térmico mede as medidas quadradas para aproveitar as centrais eléctricas, proporcionando uma quantificação Brobdingnagian. As tecnologias solares térmicas quadradas são suportadas pela construção de radiações concentradas para fornecer ar quente ou vapor que pode ser utilizado em ciclos típicos de energia térmica. Entre as tarefas de engenharia mais importantes no desenvolvimento de centrais térmicas solares estão as densidades comparativas na conversão de energia. Para os diferentes tipos de técnicas de concentração de energia alternativa por unidade de área é possível obter na literatura e numerosos estudos são conduzidos com o aumento da potência de vários concentradores. Para fornecer temperaturas elevadas e uma potência sensível, é necessário um prato solar de desempenho superior, com base numa pesquisa bibliográfica. Verificou-se que a tecnologia PTC formava folhas espelhadas no recetor linear estabelecido. A tecnologia de baixo valor para o método de aplicações de calor até quatrocentos graus pode ser obtida com colectores de calha parabólica são estrutura leve. No âmbito do presente estudo, foi criado um esforço para realizar uma análise ótica de grau associado para o tamanho do PTC. O preço máximo de cada um desses parâmetros é descoberto por volta do meio-dia e quando um feixe incidente irradia em pico alto. Descobriu-se que a temperatura média do recetor é influenciada pela radiação e pela taxa de vento constante. A temperatura máxima do fluido com o modelo de tubo recetor SS e envelope de vidro foi encontrada como 82,50c. Além disso, foi criado um esforço para calcular o ângulo ótimo da calha parabólica para cada mês e o ângulo ótimo do grau associado foi calculado para PTC pela soma de toda a radiação do feixe solar em vários ângulos de inclinação dos sistemas de rastreamento do sol. O ângulo ótimo do PTC em Roorkee (latitude-29.850) foi encontrado em 250 e este estudo é útil para futuras investigações para otimizar o planeamento sob parâmetros completamente diferentes [21]. **Hank. Price etal,** o PSTC é o mais valioso para a energia alternativa em grande escala como tecnologia primária de instalações comerciais maciças que operam centrais de energia solar. Observou que os sistemas de geração de energia eléctrica em estrela (SEGS) foram desenvolvidos pela Luz International, que dirige uma gama de tamanhos de 13-85MW e capacidade de geração de energia eléctrica de 353MW. Ao longo da gama de 20lacs/m^2 das tecnologias PTC têm estado em funcionamento diariamente ao sol até 18 anos e foram concluídas em 2001. A experiência operacional acumulada por 127 anos com o coletor de concentrado de luz tem a capacidade de criar centrais eléctricas muito comerciais, como nenhuma outra tecnologia de ponta no mundo. Um número significativo de instalações avançadas de colectores solares é criado através dos esforços das instalações do SEGS com laboratórios de análise de estrelas em todo o mundo. Os esforços de I & D descrevem medidas de tecnologia de calha parabólica em curso para impulsionar a energia alternativa e informações adicionais recolhidas para desenvolver a nível nacional para futuras medições de energia alternativa [22].

Santhosh.Kumar.Singh etal, o fornecimento de energia solar torna-se exigente enquanto se esgotam os combustíveis fósseis através da nação em todo o mundo sem contribuir com a emissão de esforços de efeito estufa para a atmosfera. Durante este estudo, uma pesquisa potencial para o sistema solar térmico tem geração decente de água. O associado de PSTC foi criado Al folha que coberto por material em espelho retangular (1.20m x0.05m) quadrado medido afirmado. Foram estudados dois materiais absorventes completamente diferentes com o PSTC e não foi utilizada uma cobertura de vidro. O princípio da focalização do ponto focal a 0,35mts é direcionado

a perda de calor do tubo recetor diminui. A radiação solar criada para aumentar em Kanyan para análise do armazenamento de energia solar térmica de utilização em média escala. A eficácia do PSTC foi seguida sem envelope de vidro: Um tubo recetor de cobre (20,56%) e um tubo de alumínio (18,25%) com PTC descoberto demonstraram que o material absorvente aplicável à tecnologia irá apagar a luz que não é suficiente para o armazenamento de energia térmica de conversão. Para a realização de energia automática com superfícies de espelho refletor e atingiram-se temperaturas mais elevadas. Noutro modelo de utilização do tubo recetor de Al, um retificador de cristal absorve a baixa garantindo a potência de funcionamento dos colectores solares concentradores [23].

Vijayan.Gopalsamy etal, o desempenho do PTC com geração de luz de água quente é investigado por três dias. A distinção de temperatura é descoberta dentro da faixa de 6,7-2,40c e radiação de feixe comum ao longo de uma quantidade de teste 658w / m^2 . A diferença de temperatura, a radiação direta do feixe, a taxa de vento, o ganho de calor útil, a temperatura do material absorvente e o fluxo solar por unidade de área medidos num período de tempo entre as 9:00 AM e as 16:00PM. Para a temperatura máxima de saída e de entrada da água de 24^0 c, as quantidades registadas medem o fluxo de calor solar (580w/m^2), a radiação do feixe (763w/m^2) e o ganho de calor útil (575,15w/m^2). O ganho de calor útil, a temperatura do corpo de água, a temperatura de saída, o fluxo de calor solar e também a potência dos sistemas como uma medida quadrada inteira elevada associada ao grau de hora em hora. O preço máximo de cada parâmetro é registado por volta do meio-dia, quando a radiação do feixe incidente atinge o nível máximo [24].

Irving.Eleazar.Prez.Montes etal, para este artigo descreve PSTC e método de sistema solar térmico de calor com suas aplicações. A inovação da implementação em série com o tipo de escolha estrutural do tecido é adoptada como a mais recente unidade de processamento e permite uma instalação mais rápida no site de preços de produção. Devido à experiência não hereditária ao longo de 5 anos nos módulos PSTC, uma medida quadrada de necessidades de estilo conhecidas permite tentar fazer melhorias nos módulos PSTC com potência ótica de precisão através da escolha de materiais. A maior resistência mecânica do aparelho de estilo de substituição evita a deformação estrutural no módulo PSTC com a melhor implementação de baixo consumo e posicionamento exato do modelo de recetor de tubo. Um controlador lógico programável é viável e recolhe as informações necessárias para projetar o PSTC com condições confirmadas de radiação incidente no modelo de tubo. Para avançar com as avaliações do projeto, substitui-se a técnica de formação de escala e o tipo de sistemas de colectores solares produz igualmente um preço. A melhor opção para determinar a resistência/peso, as diferentes especificações técnicas e a rigidez/peso do módulo PSTC em relação ao sistema. Foi descoberto o comportamento do sistema de ordem primária como público dentro do estilo matemático e altura da temperatura (800) que coincide com os dados preliminares de estilo para radiação superior a 19x106J/m2-dia em todos os dias. Para o clima glorioso, um caudal de massa de 0,5LPS e um volume de água de 0,3m^3 implica uma potência de armazenamento média de uma hora. A análise dos trabalhos da PSTC prossegue com a geração adicional de ganhos de calor e melhorias de estilo, muitas propostas para o mercado nacional internacional. Da mesma forma, um elemento superior em desenvolvimento com medidas quadradas de execução, apesar de trabalhos perfeitos em STCCPs, melhora o processo e, particularmente, os módulos de edifícios de gestão de espaço do PSTC [25].

Tabela 2.5 Resumo dos artigos de referência relacionados com o PSTC

SL Não	Documentos de referência	Observações
01	**Vaibhav.R.Shah etal,** "Review on evacuated glass tube based solar liquid heaters", IJEDR,Vol(2),2014.	Observou-se que o coletor de tubos de vácuo tinha melhor desempenho do que o FPC [26].
02	**Budi.Kristiawan etal,** "Utilização de nanofluidos de potência avançada HTFs em colectores solares de calha parabólica "Simpósio Nacional,RAPI,XII,2013.	Éexploratórioexperimental investigação para estudar o desempenho térmico de uma nano-partícula de TiO2 em modo de tubo evacuado [19].
03	**A.Valan.Arasu etal,** "Performance characteristics of parabolic trough solar collectors system for hot water generation "Int.Energy Journal,Vol(7),2006.	Conclui-se que a nova estrutura do PTC foi projectada de acordo com as normas ASHARE. Sugere que o PTC emergente melhorou a eficiência do que a geração de água quente solar EPC [18].
04	**O.A.Lasode etal,** "Development and performance evaluation of parabolic trough solar water heater for building applications", International Conference on Energy Engineering.	Estima-se o desempenho com base na avaliação de aplicações de edifícios em PTCs em SWHS [27].
05	**Arun.Kumar.T etal,** "Água solar usando nanofluido: A compressive overview and environmental impact analysis", Journal of Emerging Technology and Advanced Engineering, Vol(8),2013.	Explica-se a implementação do nanofluido Al2O3 absorvente em colectores de placa plana SWH [28].
06	**M.Karami etal,** "Numerical investigation of nano-fluids based solar collectors" (Investigação numérica de colectores solares baseados em nanofluidos) "International Conferences on Structural Nano-composites, 2014.	Neste trabalho, foi desenvolvida uma investigação numérica de um modelo de transferência de calor 2D para análise de um coletor solar de absorção direta baseado em nanofluidos [29].
07	**P.K.Nagarajan etal,** "Nano-fluids solar collector applications: A review", International conference on Applied Energy, Vol(61),2014.	Este artigo apresenta uma visão geral sobre nanofluidos com coletor solar, uma classe existente de fluidos de transferência de calor. Investigação futura e desafios ambientais [30].

2.2 Utilização de energia solar por nanofluidos

As propriedades termo-físicas do nanofluido dependem principalmente da condutividade térmica, da densidade dos fluidos, da viscosidade dinâmica, da fração de massa, da capacidade térmica dos fluidos, do número de Reynolds, do número de Prandtl e do número de Grashof. As diferentes técnicas de novos modelos são adoptadas para aumentar a taxa de transferência de calor do fluido no tubo absorvente em PSTC. Para aumentar o âmbito das aplicações no domínio da produção de água quente solar e das centrais térmicas com influências do nanofluido no coletor absorvente. As abordagens recentes do nanofluido são utilizadas para a investigação académica e resumem as revisões da literatura como se segue.

Xiee etal, os N-HTF típicos podem ser aplicados para determinar o desempenho térmico, como a condutividade 0,6wm-k em comparação com o tubo de cobre com 400w/m-k, enquanto dominam as nanopartículas nos fluidos de base. A condutividade térmica adicional influente aumenta as nanopartículas sobre o fundo dos fluidos. Para a fração de massa de 5% de fluido refrigerante, a condutividade aumenta em 60%. Para melhorar o rácio de nanofluidos, utilizam-se nanofolhas de grafeno com nanotubos de cobre e cargas constantes [31, 32].

X.Xie etal, um conjunto de numerosas nanopartículas de Al2O3 contendo suspensão e capacidade térmica de fluidos com uma gama de 4,5-12,5m^2 /g. para a investigação de condutividades empregando condições transientes e eles adicionaram a área de superfície a ser aumentada com associada a condutividades mais elevadas de nanofluido [33].

Yu etal, foram adoptadas e testadas técnicas de salão de baile para testar o nanofluido de Cu estável à base de glicol/etileno com dispersão de polivinilpiridina em fluidos. Obteve-se um aumento substancial da condução térmica. A fração volumétrica de 0,5%Vol a 50^0 c com influências de nanofluido de Cu à base de glicol/etileno e 40% de melhorias na relação quantitativa foi verificada [34].

Chinand.Xie etal, estudaram um nano tubos de carbono de parede dupla (CNTs) e nano tubos de carbono de parede simples funcionalizados através de técnicas de reação química mecânica-húmida são examinados. O espetro de radiação infravermelha mede o potencial da camada mais espessa da superfície das moléculas nos CNTs. O nanotubo de carbono simples provoca uma maior melhoria da condutividade térmica ao diluir-se em nanotubos de carbono de parede dupla com um diâmetro de tubo mais elevado. A partir desta revisão do artigo, foram melhorados os parâmetros termofísicos com diferentes tamanhos de partículas, fracções de volume e temperaturas no modelo de tubo recetor [35].

Natarajan etal, um estudo experimental sobre a condução térmica ativa de nanotubos de carbono de paredes múltiplas com nanofluido (H2O/MWCNT) para examinar a condução transiente em estado estacionário e estes resultados avaliam as propriedades do nanofluido é aumentada. O (SDS) di-sulfato de sódio é um agente tensioativo que aumentou 42%Vol [36].

Yu etal, a utilização do processo de tecnologia de nanofluidos foi melhorada através de estudos relacionados com a adição de 15-40% de nanofluidos. Melhoraram propriedades como a condutividade, a capacidade específica do fluido e a fração de volume, tendo sido utilizados conjuntamente para o arrefecimento de dispositivos electrónicos [37].

Paul etal, um artigo relatou a utilização de diferentes nanofluidos como fluido de transferência de calor, tais como a combinação ZrO2/H2O e TiO2/H2O, para aumentar a temperatura do fluido de arrefecimento com o aumento do desempenho térmico. Muitas técnicas de processamento de

N-HTFs são activadas por investigadores recentes para aumentar a eficiência do coletor [38].

Quadro 2.6 Resumo dos modelos, mecanismos, exatidão e limitações dos fluidos;[39]

Modelos	Exatidão	Mecanismos	Limitações	Observações
Comportamento linear do nanofluido por Maxwell	É possível prever o desempenho de nano-partículas muito finas.	A ordem da nanolayer de moléculas líquidas (>10nm).	O modelo não é suficiente para que a análise térmica obtenha resultados exactos.	Este mecanismo actua como uma ligação térmica que se torna muito grande.
O nanofluido de CNT tem dados de capacidade térmica acumulados pela teoria da percolação	Comportamento de nanofluidos pela teoria da percolação.	A suspensão de CNT e os seus compósitos foram estudados por análise computacional de fluidos.	A secção ciclónica dos nanotubos é muito complexa.	Na teoria fornan-linear, o CT aumenta com as condutividades dos CNT.
Método; Probepump	Devido à resistência da condutividade térmica interfacial	O modelo torna-se duplamente suspenso nas leituras das constantes de absorção e nos métodos de infravermelhos.	Uma análise térmica sofisticada para resolver complexidades.	Para uma superfície grande, uma constante do fenómeno da condutividade térmica das superfícies.
Método estático para compósitos térmicos	Resistências kapizta interfaciais	Utiliza a radiação infravermelha simples	Este modelo não tem uma condutividade considerável.	Para aumentar a condutividade térmica efectiva
Modelo dinâmico	Nanopartículas	As previsões	Um exame físico e	Neste modelo,
	Modelo browniano	obtido a partir deste modelo, o quadrado mede	abordagem química são análises incompletas	A condutividade não aumenta com a temperatura.
O modelo teórico tem em conta a convecção	Nano-conversão produzida por movimento browniano	Neste modelo, absorvem não só a condutividade dependente da temperatura	Deve ser considerada uma abordagem física e química.	O efeito da difusão de calor na condutividade é muito reduzido
O modelo inclui a condutividade estática e dinâmica de acordo com a teoria de Green-Kubo	Correção por nanoresistência devido a kapitza interfacial	Devido ao movimento browniano, uma micro molécula foi suspensa	Para a semi-esférica aumenta devido às resistências enquanto diminui o tamanho das nanopartículas	O efeito da nano-convecção devido ao tamanho das partículas ser inferior a 30nm

Modelo de carga de superfície	Estado de carga da superfície	Neste modelo, um estado particularmente comprovado de condutividade de carga superficial	Devido ao movimento browniano das nanopartículas, transporte, camada líquida e aglomeração	Este modelo é útil para prever os avanços da condutividade dos nanofluidos
Modelo de deslizamento de velocidade	Estado de dispersão	Em comparação com os resultados exactos obtidos com misturas líquidas	O modelo teórico considera um fluido em vez de misturas sólido-líquido	Escorregamento do perfil de velocidade e temperatura
Correlação da transferência de calor tradicional	Estado do escoamento homogéneo	Para este modelo, uma precisão situa-se entre a realidade e a troca de calor	As propriedades do movimento browniano não são consideradas para as moléculas coloidais	Os parâmetros termo-físicos devem ser melhorados
O fluxo de calor do microscópio degrada-se em três tipos de modelos de flutuação aditiva	Mecanismo de aumento da condutividade a nível molecular	Esta precisão obteve resultados com uma fração de massa inferior a 1% de distância nanométrica	Devido ao movimento browniano, um efeito de particular não foi considerado	O modelo não aceita a melhoria universal da condutividade

Vallentin etal, classificaram as tecnologias de energia e o sistema de aquecimento solar concentrado de água; (1) os colectores de baixa temperatura ($T<100^{o}$ c) como o tubo de calor Thermosyphon, colectores de placa plana; (2) o coletor de média temperatura ($T=400^{0}$ c) como a calha parabólica e os colectores Fresnel lineares; (3) os colectores de placa solar são de alta temperatura ($T>400^{0}$ c) [40].

2.2.1 Aplicações de nanofluidos em SWHS

Os colectores solares são um tipo de permutador de calor que absorve todas as radiações incidentes que incidem sobre as superfícies espelhadas reflectoras e o fluido refrigerante operacional útil que aumenta a sua energia interna. O fluido de arrefecimento comum, como a água ou o óleo, com as novas técnicas de nanofluidos, tem várias funções, como a construção, o aquecimento e as aplicações culinárias ou um recipiente térmico para ser utilizado no espaço escuro. Alguns autores aplicaram a investigação de nanofluidos com FPC como utilizado e descobriram que um refletor é mais económico do que os colectores solares normais.

Tabela 2.7 Descrição dos tipos de nanofluidos, colectores solares, observações e autores;[39]

Autores	Tipos de colectores	Nano-fluidos	Conclusão
Salivar etal	FPC	SiO2/EG	Os resultados da fração volumétrica de 1% resultam num aumento da eficiência de aproximadamente 58% para o efeito do nanofluido [41].
Karami etal	Absorção direta	FCNT/H2O	Um aumento significativo na condutividade de cerca de 32% e nanopartículas adicionando 150ppm (fCNT) [42].
Meng etal	Absorção direta	Al2O3/H2O	Devido à adição de uma fração de massa superior a 2%. Aumenta a eficiência do coletor e mantém a radiação solar constante [43].
Yousfi etal	FPC	Al2O3/H2O	A adição de 0,2wt% de Al O_{23} nanofluido aumenta a eficiência solar em comparação com os fluidos de base [46].
Kameya etal	Absorção direta	Tamanho da partícula 9cms suspensa	O coeficiente de absorção das nanopartículas de Ni com uma fração de massa de 0,1% é superior ao dos fluidos de base [45].
Yousfi etal	FPC	MWCNT/ H2O	A adição de 0,2wt% de MWCNT sem nanofluido surfactante aumenta a eficiência do coletor [47].

Salvathi etal, um FPC operado experimentalmente poderia ser (SiO_2 /EG) com fluidos de base e fração de massa de fluido refrigerante como 1%. Os resultados mostram que a perda de calor dos parâmetros é restrita a zero à medida que aumenta a fração de volume com resultados associados a melhorias de potência mais ou menos entre 4 a 8% [41].

Tabela 2.8 Descrição da fração volumétrica, do nanofluido, dos colectores e da eficiência;[39]

Tipos de colectores	Nano-fluidos	Fração de volume (%)	Eficiência (%)
Absorção direta	H2O/Al2O3	2	60-70
FPC	SiO2/EG	0.5-10	5-10
Absorção direta	H2O /fCNT	150ppm	33
Absorção direta	CuO/ H2O	5	7
Absorção direta	H2O/M2O3	0.8	75

Karami etal, uma melhoria e funcionalização (fCNT) está a funcionar como refrigerante nanofluido com melhorias de desempenho térmico de 33% [42].

Meng etal, o impacto do nanofluido à base de Al/H_2 O com uma fração de massa de 0,5% como fluido de arrefecimento tem uma influência direta nos parâmetros ópticos dos colectores solares e também aumenta a eficiência térmica.

A eficiência térmica do coletor pode ser calculada pela relação

$$\eta = \text{ganho de energia térmica/disponibilidade de energia óptima}$$

A potência dos colectores solares oferece a eficiência do coletor ao adicionar a fração de massa e algumas outras partes do espelho refletor, o ângulo da borda e o suporte da calha. O diâmetro das nanopartículas aumenta a eficiência do coletor e aumenta também a eficiência térmica do coletor.

A distribuição da fração de massa das nanopartículas é função da eficiência do coletor. A preparação de um nanofluido ótimo com base nesta revisão da literatura é de 0,5 a 1,5%. Além disso, não conseguimos encontrar uma suspensão adequada de fluidos com a ajuda de um banho de ultra-sons (NCES-11). A adição de 0,75-1% como fluido de arrefecimento no tubo absorvente é o resultado da eficiência óptima do coletor, para além da qual a eficiência é reduzida [45].

Quadro 2.9 Vantagens, limitações, observações para aplicações de colectores a baixa temperatura;[39]

Tipo de coletor	Limitações	Vantagens	Observações
Absorção direta	Um dos principais problemas é que os CNT são instáveis em fluidos polares e, em condições normais, comportam-se de forma hidrofóbica	A nanopartícula de fCNT é introduzida como refrigerante do fluido de trabalho e mostra que a dispersão estável	Este tipo de nanofluido promete que a utilização de nanopartículas em fluidos de base se comporta com a máxima eficiência
FPC	Utilização de fracções volumétricas reduzidas de nanofluido em água, o que provoca instabilidade e aumento dos custos	Os resultados de saída, apesar da menor condutividade das nanopartículas de SiO_2	O aumento da fração mássica de nanopartículas de 0,1-1% aumenta assim a eficiência solar
Absorção direta	A eficiência solar aumenta ligeiramente com a adição de nanopartículas e também aumenta ligeiramente a eficiência solar	Devido ao aumento da radiação na eficiência do coletor, a eficiência solar também aumentará	A distribuição da condutividade é função das propriedades termo-físicas do nanofluido

Absorção direta	A adição de fracções de baixa massa de fCNT/água foi analisada pelos métodos SWHS e FE. Os seus laudos contribuem para que as nano-partículas de alta qualidade sejam obstruídas	Alterações significativas na condutividade durante a adição de nanopartículas na água	A eficiência solar foi melhorada pela utilização do sistema de circulação de fluidos Thermosyphon em comparação com a convecção forçada
Absorção direta	A fração volumétrica diminuirá após as propriedades ópticas desejadas e também diminuirá a suspensão instável	A adição de 1% de Al/A^Os mostra uma melhoria da eficiência ótica/solar	A adição de uma fração de massa de Al deve ser considerada como 1% de Al para obter benefícios e uma condutividade térmica mais elevada

Tyagi etal, uma adição potente de nanopartículas na proporção de 0,8% como refrigerante de fluidos com fluidos de base

e têm menos terrivelmente; portanto. Os resultados discutidos aumentam ligeiramente as propriedades térmicas com o aumento do tamanho das nanopartículas [44].

Kameya etal, adicionando as características das nanopartículas de níquel (Ni) e preparando a fração de massa do líquido de arrefecimento como 0,1% com suspensão em água, o tamanho médio das partículas selecionado 5mm. Eles confirmaram que o desenvolvimento de propriedades de radiação para o comprimento de onda próximo (infravermelho) enfrenta problemas terríveis para aproveitar as radiações solares [45].

Tabela 2.10 Aplicações de nanofluidos para temperatura à escala média;[39]

Autores	Tipo de colectores	Tipo de nanofluido	Conclusão
Khular etal	PTC	H2O/Al2Os	A influência de uma pequena quantidade de nanopartículas melhora consideravelmente a propriedade de absorção
Khular etal	PTC	H2O/Al2Os	É útil para reduzir cerca de 220 kg de CO2/ano/família possíveis formas de SWHS
Kasanian etal	PTC	CNT/óleo	A adição de 0,2wt% e 0,3wt% de nanofluido CNT/óleo é capaz de aumentar o desempenho

Sokhanstat etal	PTC	Al O_{23} /óleo sintético	A adição de 0,01%Vol de óleo sintético com peças de Al2O3 aumenta o coeficiente de transferência de calor em 33%

Yosuefi etal, uma investigação experimental da adição de nanofluido H O/Al_{22} O3 na potência da superfície do espelho refletor FPC. Os resultados indicam que a fração de massa de 0,2%wt de fluido refrigerante aumenta a eficiência do coletor em comparação com os fluidos de base e aumenta 28%. No entanto, não se encontram tensioactivos com um aumento adicional de 58% [46].

Yosuefi etal, explicaram que a utilização de água/MWCNT como nanofluido com uma fração de massa de 0,2%wt de refrigerante diminui a potência e torna-se mais húmido. O aumento da fração de massa do nanofluido através da adição de hidrogénio numa concentração de 180= para fins eléctricos provoca um aumento da eficiência do coletor [47].

Tabela 2.11 Descrição do nanofluido, fração mássica e eficiência à escala média de temperatura;[39]

Tipo de coletor	Tipo de nanofluido	Fração de massa	Eficiência (%)
PTC	Óleo/CNT	0,2%wt & 0,3%wt	5-8
PTC	Óleo sintético/Al O_{23}	<5	14
PTC	Al2O3/H2O	<5	12

Parvin etal, um investigou a geração de entropia e o desempenho de transferência de calor do sistema de circulação forçada de Cu/água e os resultados de saída reduzem as resistências térmicas de medidas quadradas são evitadas [48].

Chang etal, a temperatura significativa variando 294-394K para nanopartículas de Al O_{23} por correlação empírica com absorção na fração de volume e não sobre as propriedades dos surfactantes. As propriedades do princípio dos movimentos brownianos para testar parâmetros com condutividade decrescente podem afetar a diminuição do tamanho das nanopartículas [49].

A condutividade térmica efectiva do nanofluido com base na relação normal ao fluido de base é dada por

$$\frac{Keff}{K_{bf}} = 64.7 * \phi^{0.7460} * \left(\frac{d_{bf}}{d_{nf}}\right)^{0.3690} * \Pr^{0.9458} * \mathrm{Re}^{1.245} + 1 \qquad (2.2)$$

A relação entre os números de reynold e de prandtl para fluidos de base é dada por

$$\mathrm{Re} = \left(\frac{\mathrm{Pr}^* \mu_{bf}}{\rho_{bf}} \right) = \left(\frac{\rho_{bf} \cdot V_{Br} * d_p}{\mu_{bf}} \right) = \left(\frac{T * K_{rff} * \rho_{bf}}{3\pi \mu_{bf} l_G} \right) \quad (2.3)$$

A dependência da temperatura do fluido de base é expressa da seguinte forma

$$\mu_{bf} = 2.414 * 10^{-3} * 10^{\frac{247.8}{T-140}} \quad (2.4)$$

A velocidade do fluxo de vento é expressa com base na teoria da difusão e é dada por

$$= \left(\frac{T}{2.41x10^{-5} x \frac{247}{10T - 139.99}} \right) \quad (2.5)$$

Michael etal, prepararam o nanofluido CuO/água com uma fração de massa de fluido refrigerante de 5% para testar a capacidade de 100 litros com base no tipo de absorção direta do aquecedor de água FPC. Observou-se que o desempenho térmico do SWHS é aumentado em 7% [50] [51].

Javadi etal,a estudos recentes sobre o desempenho térmico e, em particular, sobre a eficiência instantânea do SWHS. Para o emprego de nanofluido de arrefecimento operacional e temperaturas mais baixas.

Quadro 2.12 Aplicações de nanofluidos para temperaturas mais elevadas;[39]

Autores	**Tipo de coletor**	**Tipo de nanofluido**	**Resultados**
Phelten etal	Central de energia solar e torre	Óleo/grafite	Para centrais de 10-100MW utilizando nanofluido com fração volumétrica de 1% [52].
P.Taylor etal	Fábrica de torres solares	Grafite /H O_2	A eficiência é melhorada por uma fração de massa de 10% [53].
Lu.L etal	EPC para a temperatura	CuO/água	Para adicionar uma fração de massa de 1,5% em relação ao aumento ótimo da transferência de calor [54].
Wang.E etal	CSP	Carbono/água	O fluxo de calor aumenta com o aumento da altura do nanofluido. Isto provoca um aumento da eficiência do coletor [55].
Hordy.N etal	CSP para temperaturas mais elevadas.	MWCNT/EG 39	O resultado é uma maior absorção de 100 % da eficiência solar [56]. (2.3)

De resrgi. A etal	CSP para temperaturas mais elevadas.	Nanofluido de grafeno	Aumentou a eficiência até 63% [58].
Zhang etal	CSP para temperaturas médias.	NiC/nanofluido	A fração mássica de energia absorvida atinge quase 100% dos trajectos de luz incidente dos raios para o nanofluido entre 1 cm [57].

De acordo com estas análises, pode afirmar-se, através dos estudos de referência mencionados, que os colectores solares baseados em nanofluidos são muito mais económicos do que outros tipos de colectores. Para os colectores de baixa temperatura, o aumento do EPC até 1000c com a adição de menos de 1% de nanopartículas em comparação com os fluidos de base. A fração mássica de nanofluido MWCNT/água ou SiO2/EG utilizada como fluido refrigerante no FPC. Uma absorção direta da radiação incidente no modelo do tubo recetor. A adição de nanopartículas, que tem efeitos no desempenho térmico, influencia diretamente a eficiência do coletor. Os benefícios do nanofluido, vantagens, desvantagens e eficiências em aplicações extremas.

Tabela 2.13 Diferentes aplicações de nanofluidos com temperatura e concentração;[39]

Tipo de nanofluido	Tempr.(^{0} c)	Vol%		Resultados
Al2O3	21-51	1.00	1-1.11	As alterações da condutividade térmica são cada vez mais baixas e formam uma temperatura de radiação solar direta
Al2O3	21-51	4.00	1.1-1.23	Isto faz a diferença e a variação é elevada
Al O23	20-40	2.00	1.02-1.12	Observou que a mudança e a variação não são elevadas
Al O23	20-40	1.00	1.03-1.12	A variação linear mostra que a condutividade mais baixa
Al O23	28-35	2.5	1.075-1.75	Observou que o aumento do rácio é limitado
Al O23	28-35	6.0	1.12-2.15	O valor mais elevado da condutividade é reforçado
Al O23	28-35	10.0	1.12-1.11	Parece que os valores decrescentes da condutividade a uma temperatura mais elevada
Al2O3	32-67	1.25	1.12-1.11	O valor mais elevado da condutividade é reforçado

$Al2O3$	32-67	1.25	1.24-1.18	Menor que maior os valores de temperatura
MgO-EG	10-60	0.05	1.18-1.21	Sem grandes diferenças, uma mudança linear
EG-ZnO	10-60	0.05	1.28-1.31	A diferença mostra que valores maiores de nanofluido MgO-EG como constantes mantidas
EG-CuO	10-60	0.005	1.28-1.5	Aumenta subitamente a variação linear e mostra que a condutividade mais elevada

A utilização de temperaturas médias para o PTC é feita principalmente com base em resultados teóricos. Pode ser realizado em nanofluido de preferência para colectores solares e utilização de impacto de nanofluido de tubo absorvente com fluidos de transferência de calor de causa. No entanto, uma análise térmica que potencie o calor sugere a capacidade de absorção para a rotina diária do sol. Além disso, esta análise restringiu-se a aplicações de nanofluidos em PSTC.

Khullar etal, um material de revestimento refletor foi constituído por nanocompósito de óxido de titânio (TiO2). A metodologia seguiu as técnicas Sol-gel com diferentes espessuras de revestimento no substrato. Seleccionaram uma espessura óptima de revestimento de 1,5 cm com variações do revestimento refletor e da relação de peso. Verificou-se que a refletividade (96%) continua a ser aceitável [59,60].

A Tabela 2.14 resume a pesquisa bibliográfica sobre nanofluidos;[39]

Autores	Tipo de nanofluido	Propriedades físicas	Resultados
Natarajan etal	Água/MWCNT	Condutividade	Aumenta até 42% com a adição de uma fração de massa de 1% sem quaisquer tensioactivos [36].
Paul etal	TiO2 &ZrO2 em H2O/EG	Condutividade	Adição de TiO2 &ZrO_2 em H2O/EG com o aumento da condutividade [38].
Kim etal	H2O/ TiO2 & H2OMTO3	Fluxo crítico	Melhoria da topografia devido à alteração da superfície e ao revestimento de nanopartículas com a microestrutura do calor [61].
Shin etal	Mistura eutéctica sais e SiC	Condutividade térmica	Eles previram amostras B para melhorar o calor específico e formar a estrutura comprimida [62].

Masherai etal	Água/ Al.T)..:	Coeficiente de transferência de calor	Isto leva ao aumento da temperatura com a fração de volume do nanofluido [63].
Liu etal	Solução $TiO_2/BaCl_2$	Condutividade	O aumento da mudança de fase em materiais com estes resultados é notável [64].

Kasaein etal, um PTC é constituído por um desenho com exploração ver.2 e fração de massa 0,3% de nanofluido à base de óleo/CNT é extremamente capaz de aumentar o desempenho térmico dos colectores de fluxo de calor [65]. **Sokhansfate etal,** estudou numericamente o desenvolvimento absoluto em 3D da transferência de calor por convecção mista turbulenta associada ao nanofluido sintético óleo/água em PSTC e aumentou em 14% o coeficiente de transferência de calor. A fração de massa de 5% como fluido de arrefecimento é utilizada a 300K de operação segura completa [66].

Tabela 2.15 Descrição dos diferentes tipos de nanocompósitos;[66]

Autores	Materiais de	Processo	Substrato	Tipos de reflectância
Kumar etal	TiO_2	Revestimento por pulverização	Al	Verificou-se que 99% da refletividade [67].
Aruink etal	SiO_2	Revestimento iónico	Vidro de alumínio	Apresenta um espetro de reflexão de Bragg de 95% [68].
Menning etal	TiO_2 e SiO_2	Revestimento por	Plástico	72% da reflectância [69].
Sutter etal	S1O2	Sol gel	Al	83% da reflectância [70].
Reval etal	Al & Ti(Óxidos de rutilo)	Revestimento iónico	Tinta para cerâmica	72% da reflectância [71].
Duffel etal	SiO_2 e TiO_2	Revestimento por evaporação	Polímeros	88% da reflectância [72].
Kennedy etal	Al_2O_3	Revestimento por feixe de iões	Polímero de prata	95% da reflectância [73].
Griffin etal	Al &Ag	Deposição de vapor	Plástico	91% da reflectância [74].

Taylor etal, investigou o desempenho do nanofluido quando este excede um elevado fluxo de calor, como nas centrais eléctricas e na capacidade solar de 11-115MW, utilizando uma fração mássica de 0,1%Vol ou lente. Os resultados são viáveis com características de desempenho e temperatura do coletor [53].

Tabela 2.16 Classificação de diferentes nanocompósitos para tubos absorventes;[39]

Autores	Métodos	Emissividade	Condutividade térmica (w/m-k)
Selva kumar etal [75]	Respiração	0,8 a 400 c^0	0,29 a 100 c^0
Netaji etal [76]	Respiração	0,05 a 28 c^0	0,792 a 45 c^0
Jermen etal [77]	Revestimento	>0.90	0,25 anual
Tseng etal [78].	Magnetrão	0.05	Elevada absorção
Oelhatan etal [79]	Magnetrão	0.07	0.85
Raro etal [80]	Revestimento	0.06	0.85
Chang etal [81]	Processo de	0.08	0.84
Japelji etal [82]	Revestimento	0.3912	0.92
Katzen etal [83]	Revestimento	0.17	0.9444

Phelen etal, comparou o coletor solar à base de nanofluido com intervalos de tempo maiores (200nmn) e descobriu que na parte inferior do coletor com nanofluido, se o avanço adicional da ordem de 5-10% da inclinação da corda de Volans for (5-10nm), é viável no modelo de tubo absorvente [52].

Prasher etal, apresentam uma variedade de modelos com mecanismos que podem contribuir para o aumento da condutividade por influência de nanofluidos coloidais. O desempenho térmico é melhorado pelas propriedades e equação brownianas com uma seleção válida da fração de massa como fluido refrigerante. Para esferas e semi-esferas, o fluido de transferência de calor concêntrico é medido pelo modelo Maxwell-Garnet [84].

Kaltech etal, o modelo euleriano-eulariano de fluido bifásico com efeitos de nanofluido dentro de calor isotérmico e ultizado para investigação numérica de Cu-água e sua variação de variedade entre nanopartículas e tinta líquida com, portanto, as equações de conservação de momento, continuidade e energia determinadas pelo FEM. A fim de encontrar a distribuição da temperatura e a sua velocidade relativa da água e das nanopartículas são ligeiramente negligenciadas. Muitas pesquisas em modelo completamente bifásico e em comparação com o número de Nusselt interage com o modelo enquanto aumenta o número de reynolds em menos de (propriedade termo-física) [85].

Kameyar etal, investigaram a reflectância, a absorção e a transmissividade. O material de revestimento absorvente é o TiO_2 nano-composto e a sua espessura óptima é de 15 mm com refletor de parábola reflectida [45].

O.Bern etal, explicaram que o fabrico do projeto consiste nos diferentes aspectos do Sputtered (ITO) e na refletividade da luz solar (99%). A fração de massa do nanofluido e os materiais criados para a absorção são dióxido de silício como ligas nano-compostas. Devido a estes efeitos, 20% da capacidade de absorção deve ser aumentada [86].

Zuber etal, um revestimento de materiais de revestimento múltiplo é hidrogénio que absorve cerca de dióxido de enxofre foram utilizados dois revestimentos dos mecanismos de absorção. A partir destas 3 camadas testadas e registados os valores dos dados [87].

Sutter etal, as amostras experimentais foram aumentadas enquanto o aumento das propriedades de envelhecimento do espelho refletor de Al os reflectores reduziram as conversões [70].

Menning etal,an novas técnicas desenvolvidas para processo sintético é maker gravado revestimento. As interfaces multicamadas materiais de revestimento 72% da camada. A refletividade (72% entre 65 e 900nm na operação facto de o substrato ser utilizado velocidade [65].

2.1.2 Revestimento nanocompósito para tubos absorventes

Os sistemas solares térmicos que permitem uma parte necessária dos componentes do projeto são o modelo de tubos absorventes que ajuda a absorver a radiação solar a partir do espelho de superfície reflectora. A eficiência solar depende diretamente da subida máxima da temperatura do corpo/nanofluido, que é explicada pela equação.

$$\eta = \frac{m \cdot C_p \cdot (T_{fo} - T_{fi})}{A_C I_b} \quad (2.5)$$

Para que a maior quantidade de toda a radiação recebida incida sobre ela com o coeficiente de absorção das nanopartículas, os materiais revestidos devem ser melhorados com um coeficiente de absorção mais elevado ao longo do espetro eletromagnético. Compreendemos que os materiais de revestimento influenciam a propriedade ótica e que a região do infravermelho apresenta uma emitância muito baixa. Durante este estudo, conhecemos a classificação dos diferentes materiais nanocompósitos em função dos fluidos de base, do rácio de concentração e da dimensão das partículas.

Tabela 2.17 Descrição dos materiais, fluido refrigerante, tamanho das partículas e rácio de concentração;[39]

Materiais utilizados	Tamanho das partículas (mm)	Fluido refrigerante	Rácio de concentração	Melhoria térmica (%)
Ag	<100	H2O	0.35-10	40 a 50 c^0
	100-500	EG	0.15-1.0	18
Cu	<100	EG	0.001-0.06	42
Al2O3	10	H2O	4-84	25
	28	EG/ H2O	0.55-0.85	55
	600-1000	Óleo	8	30
T1O2	15	Água	0.5-5	35

S1O2	13	EG	5	25
Negro de fumo	200	H2O	7.85	15 a 40 c^0

Netjati etal, desenvolveram trabalhos de simulação baseados em computador em sistemas solares térmicos com seleção de materiais de revestimento absorvente (Configurações 2, 3, 4 camadas de cermet). A teoria foi estudada por simulação computorizada utilizando o módulo físico de 3 distritos de granada de poços máximos com resultados calculados por equações Brownianas com uma gama de absorção de 0,35-0,075 e 0,9-0,97 [72].

Jerman etal, os limitados estudos sobre espessura intensiva espectralmente selectiva (TISS) baseados em tinta preta são suspensos em aglutinante de fluoroglicol. A sua emitância é de 0,20 e a absorção solar é superior a 0,90 [73].

Tseng etal, prepararam dois tipos de revestimento absorvente, tais como Cu_2 O -Ag e Ag O/Cu_{22} O são películas finas que são contadas como tubos absorventes e esta absorção de luz para fazer grandes pares eléctricos para um intervalo de banda mais pequeno de Ag_2 O [74].

Oelhafen etal, um projeto baseado em nano-compósitos de películas finas e o desenvolvimento de um tubo absorvente em torno do invólucro de vidro foram causados com películas de carbono hidrogenado [75].

Chang etal, estudaram a baixa emitância térmica do tubo absorvente, que é de 9% e 85%, respetivamente. Este tipo de técnicas químicas é utilizado a baixa temperatura (<1000c) [77].

Raro etal, um material de revestimento absorvente constituído por nano-compósitos de NiO/Carbono, utilizando o desenvolvimento de sol gel com substrato de Al. Obtiveram capacidades de emitância e absorção de 5% e 1000c, respetivamente [76].

Katzen etal, estudaram dois tipos de revestimento absorvente, tais como sílica porosa e partículas nanométricas de carbono, que foram utilizadas para desenvolver uma nova estrutura de absorvente solar. A espessura óptima da película foi selecionada como 1000nm para melhorar as boas propriedades do PSTC [79].

Mastai etal, desenvolveu uma nova teoria sobre o absorvedor solar utilizando nano-compósitos de carbono-sílica e os seus efeitos de carbonização sobre a sílica porosa aplicada [88].

Segundo Schuler etal, as películas finas dieléctricas são constituídas por multicamadas, o que melhora a simulação computorizada para estudar as propriedades ópticas da conceção multicamadas [89].

Chindrella etal, estudaram o desempenho dos sistemas solares térmicos com o comportamento ótico do revestimento absorvente de seleção. Ele recomenda que as unidades PSTC tenham (CR+1) e que o revestimento seja utilizado para valores mais elevados de C, de modo a que os casos PTC diminuam a eficiência solar [90].

Capítulo 3

Metodologia de experimentação

3.1 Normas ASHARE para os parâmetros de ensaio

A norma ASHRAE-93 foi oficialmente emitida em 1986 e reafirmada em 2003. As últimas modificações do acordo de directrizes e das normas ISO-9860-1 são atribuídas. Os diferentes tipos de normas de ensaio para colectores solares; primeiro, uma preferência térmica do coletivo de aquecimento por líquido vidrado com queda de pressão (ISO-1994). De acordo com a (ASTM-2007) é acompanhada por uma projeção de funções para o desempenho térmico dos colectores solares no processo de utilização de aplicações particulares. No segundo, as normas ASHARE-93 têm um método de ensaio em estado estacionário que é útil para colectores solares do tipo concentrador, que são utilizados em ambientes exteriores com recursos intensivos e com condições climatéricas também analisadas por este processo [91].

3.2 Esquema do coletor de calha parabólica

O refletor é geralmente constituído por folhas de Al para desenvolver o design da calha e actua coletivamente como superfície reflectora normal com a ajuda da ferramenta de software calculadora de parábola versão.6 pode ser estimada a estrutura do coletor com base nos parâmetros geométricos de profundidade e diâmetro, como se mostra abaixo Fig.3.1

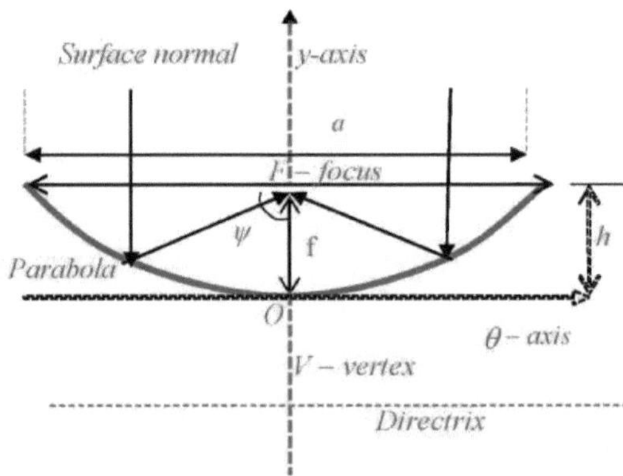

Fig 3.1 Esquema típico de um coletor de calha parabólica

$$x^2 = 4fy \qquad (3.1)$$

A distância focal e o diâmetro da abertura podem ser decididos em função da altura possível da parábola, de acordo com as equações abaixo.

$$\frac{(a)^2}{2} = 4fh \tag{3.2}$$

Então,

$$\frac{(a)^2}{16f} = h \tag{3.3}$$

O ângulo *(y)* da jante pode ser estimado pela relação

$$\left(\frac{\psi}{2}\right) = \tan^{-1}\left(\frac{a}{4f}\right) \tag{3.4}$$

O rácio entre a área da abertura e a área da superfície do tubo recetor pode ser definido como rácio do concentrador; os parâmetros geométricos estão relacionados por

$$CR = \frac{A_a}{A_r} \tag{3.5}$$

O raio mínimo no modelo de tubo recetor que intercepta toda a radiação solar que entra no coletor é calculado pela relação.

$$d_0 = 2r\sin\left(\frac{\alpha_D}{2}\right) \tag{3.6}$$

O comprimento do arco PSTC pode ser estabelecido pela relação

$$S = \frac{h}{2}\left\langle \sec\left(\frac{d_r}{2}\right)\tan\left(\frac{d_r}{2}\right) + In\left[\sec\left(\frac{d_r}{2}\right) + \tan\left(\frac{d_r}{2}\right)\right]\right\rangle \tag{3.7}$$

A energia útil recolhida por unidade de tempo num sistema de colectores solares está a empregar concentrações que podem ser alcançadas.

$$Q_u = A_a F_R\left[\eta_O I_C - \frac{U_L\left(T_{fi} - T_a\right)}{CR}\right] \tag{3.8}$$

Para conceber o modelo de calha parabólica, devem ser considerados os seguintes parâmetros físicos [92].

3.2.1 Equação de parábola com 16 segmentos (software ver.2)

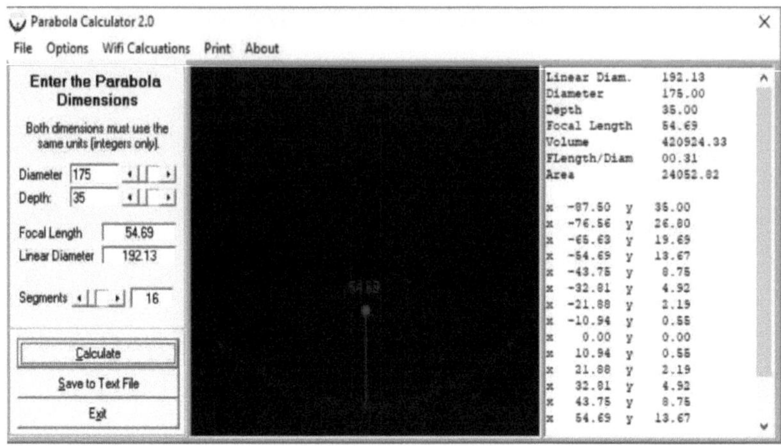

Fig 3.2 Gráfico da equação parabólica calculada pelo software ver.2 (f/d);[93]

Tabela.3.1 Especificação da equação da parábola com 16 segmentos

Diâmetro linear	192.56
Diâmetro	175.00
Profundidade	35.00
Distância focal	54.69
Volume	420924.33
Distância focal/diâmetro	00.31
Área	24052.82
x -87.50	y 35.00
x -76.56	y 26.80
x -65.63	y 19.69
x -54.69	y 13.67
x -43.75	y 08.75
x -32.81	y 04.92
x -21.88	y 02.19
x -10.94	y 00.54

x 00.01	y 00.00
x 10.91	y 00.54
x 21.88	y 02.19
x 32.81	y 04.92
x 43.75	y 08.75
x 54.69	y 13.67
x 65.63	y 19.69
x 75.56	y 26.80
Nota: Todas as dimensões a	*re em cms*

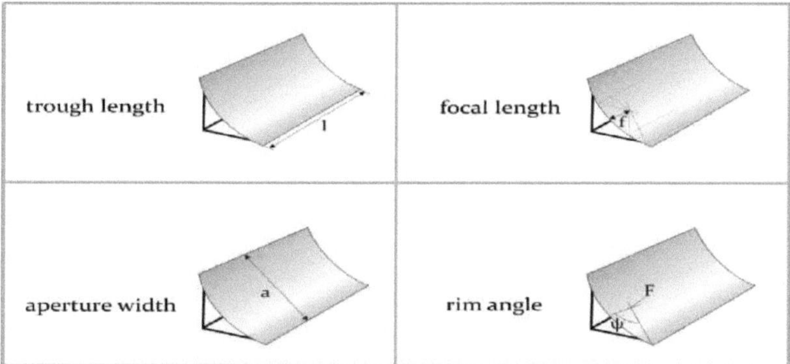

Fig 3.3 Parâmetros geométricos do PSTC

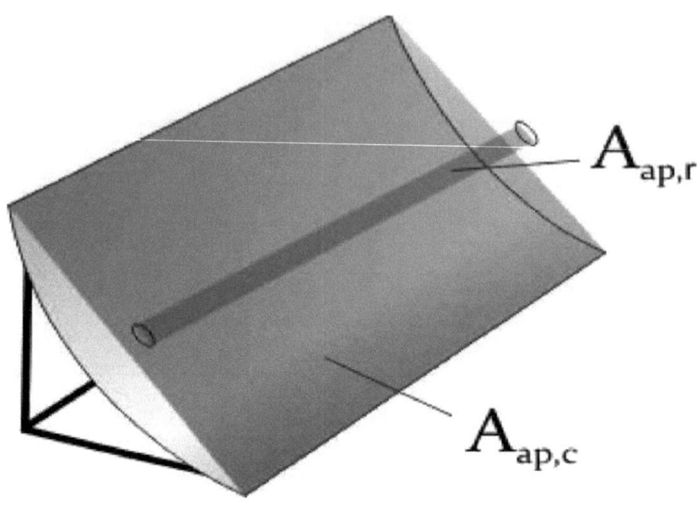

Fig 3.4 Área da abertura do coletor e área da abertura do recetor

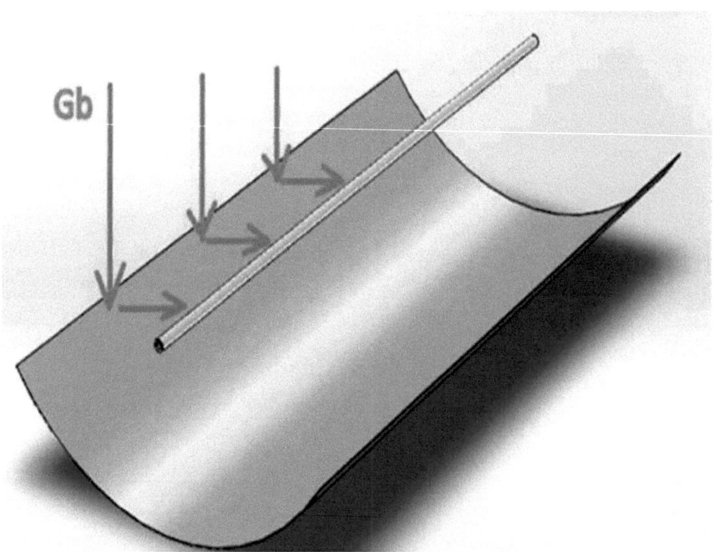

Fig 3.5 Vista em corte do modelo CAD do PSTC

Quadro 3.2 Parâmetro de projeto dos sistemas de colectores solares parabólicos

Parâmetros	Especificações
Ângulo de latitude (^)	12◦ 18' 45 N''
Longitude!/)	72◦ 50 5 W'''
Ângulo de azimute (y)	256.35◦
Irradiação solar (RNB)	1000 W/m²
Largura do coletor (W)	1.75m
Comprimento do coletor (L)	1.75m
Área de abertura (A)a	3.01805m²
Ângulo da jante (v)	90◦
Distância focal (f)	0.5343m
Altura da parábola (h)	0.3542m
Rácio de concentração (CR)	21.52
Refletividade(a)	0.95
Absorção(p)	0.93
Transmissividade(r)	0.94
Espessura do absorvedor(t)	1,5 mm
Diâmetro exterior do invólucro de vidro (d)go	110 mm
Diâmetro interior do invólucro de vidro (dgi)	70mm
Diâmetro exterior do tubo recetor (do)	25,4 mm
Densidade do fluido de base (p)w	997kg/m³

3.3 Descrição da seleção de materiais para os PSTC

O coletor de calha parabólica é constituído principalmente por uma superfície de espelho refletor, um suporte de calha, sistemas de rastreio manual, um tubo recetor de tipo tubular, piranómetros e um tanque de armazenamento térmico.

3.3.1 Reflectores

O conjunto de reflectores de forma curva contém um coletor de calha parabólica que está disposto na estrutura de aço. A radiação solar incide no recetor tubular devido à forma parabólica do conjunto de reflectores.

Fig 3.6 Vista em corte do refletor anodizado de grau Al

3.3.2 Piranómetros solares

O dispositivo que é utilizado para medir a irradiância solar diretamente do sol em relação à superfície horizontal (SP-610). Consistem principalmente em termopilha, cúpula de vidro e ocultação. O seu funcionamento baseia-se na medição da diferença de temperatura entre duas superfícies, uma clara e outra escura. De um modo geral, os piranómetros de termopilha são utilizados para testar colectores de calha parabólica para comprimentos de onda elevados de 300 nm a 4200 nm.

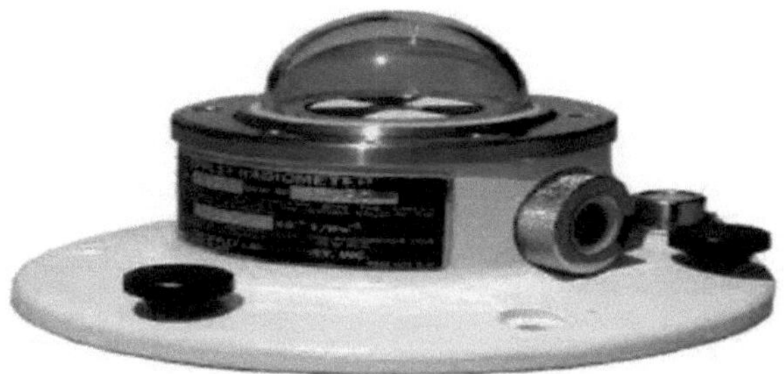

Fig 3.7 Vista em corte dos piranómetros; [94]

3.3.3 Tubo de calor do tipo tubular

A radiação solar é captada e transferida para o meio térmico utilizado no sistema através de um recetor de calha parabólica localizado na linha de foco da calha. Na Índia, o recetor utilizado é o parabólico evacuado/não-evacuado de um tubo metálico rodeado por um tubo de vidro.

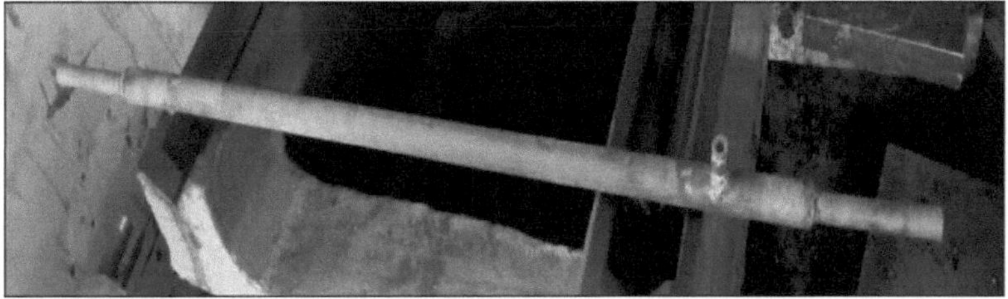

Fig 3.8 Vista de secção do tipo tubular de tubo com alhetas de cobre

3.3.4 Suporte de calha

O stand de passagem tem uma estrutura de base feita de aço. A estrutura do stand foi concebida para resistir à velocidade do vento em condições de trabalho e em fase de estacionamento, de acordo com o atual código de conceção estrutural. O sistema completo foi construído para o efeito sobre uma fundação civil.

Fig 3.9 Vista em corte da estrutura do suporte da calha (material MS)

3.3.5 Depósito de armazenamento térmico

Fig 3.10 Vista em corte do armazenamento de energia térmica

O subsistema de armazenamento térmico extrai o calor do líquido em circulação quando a temperatura do líquido se torna demasiado elevada. Quando a temperatura do líquido é demasiado baixa, o sistema de armazenamento térmico fornece o calor armazenado ao líquido. O subsistema de armazenamento térmico é uma parte do sistema de circulação. O tanque e a superfície da estrutura de suporte são isolados para reduzir a perda de calor.

3.3.6 Sistema de controlo manual

Durante o dia, a radiação direta capta o máximo quando o sistema de seguimento permite que a calha permaneça focada, o sistema tem um seguimento de leste para oeste ou de norte para sul. O sistema de seguimento tem o seguinte conjunto de equipamentos: motor elétrico, engrenagem e pinhão, sensor de radiação solar, eixo, caixa de velocidades, temporizador e sensor de vento.

Fig 3.11 Vista em corte dos sistemas de localização

3.4 Instrumentação

A descrição do equipamento experimental de repouso com dispositivos de medição da fonte de alimentação, termopares, registo de dados e orientação angular para melhorar as características do fluxo de calor nos tubos de calor Thermosyphon. A descrição pormenorizada da instrumentação é explicada a seguir.

3.4.1 Termopares

Para medir a temperatura da parede, foram utilizados termopares ómega (STC-36-14) e as especificações técnicas dos termopares da sonda são apresentadas na Tabela 3.3.

Quadro 3.3 Especificações técnicas dos termopares de sonda;[95]

Especificação	Significado	Código
Tipo de termopar	T - termopar	PC
Tipo de junção	Ligado à terra	G
Materiais da bainha	Aço inoxidável	SS
Diâmetro do invólucro	0,50 mm	M050
Comprimento da sonda	100	100 mm
Comprimento do fio condutor	......	100

3.4.2 Medidor de caudal

Os fluxos de fluido no interior do tubo no tubo recetor são medidos por padrões Omega (FLR1009ST-1) com capacidade de 50-500ml/min e os sinais de saída de trabalho são 4-20mA. Para obter a saída do sinal de tensão, é ligado um registo a 2 terminais da placa do registador, que apresenta efeitos de resistência máxima de 100 Ohms. O medidor está ligado a uma fonte de alimentação DC ajustável Skytronic e excita uma corrente de 0,005A e uma tensão de 24V. O desvio máximo de ±1% + 2 dígitos do Skytronic com o medidor de caudal está ligado à fonte de alimentação.

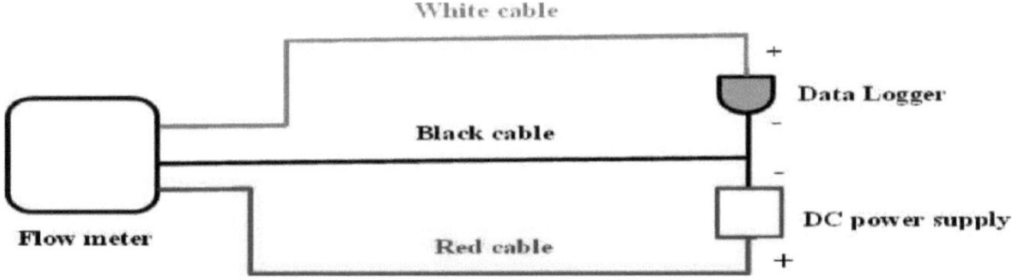

Fig 3.12 Descrição do medidor de caudal de cabos eléctricos

3.4.3 Registo de dados

A corrente é convertida a partir do medidor de tensão utilizando o registador de dados (PICO-

1012) com ligação ao quadro elétrico. O registador recebe as leituras para o medidor de caudal e a leitura da temperatura é medida utilizando o registador (PICO-TC-08) porque são utilizados vários termopares. As leituras do registador de dados são finalmente ligadas ao computador pessoal (PC).

3.4.4 Medições angulares

O transferidor de alta precisão foi utilizado para medir a orientação horizontal do PSTC, tendo a precisão do ângulo verdadeiro (TLC-7004) sido encontrada $\pm 0{,}5^0$.

3.4.5 Alimentação eléctrica

A alimentação de energia depende principalmente do regulador de tensão e corrente (TSX1820P) programável (18V/20A) DC PSV com precisão ±(0,5% +dígito 1),±(dígito 1 + 0,1%) respetivamente.

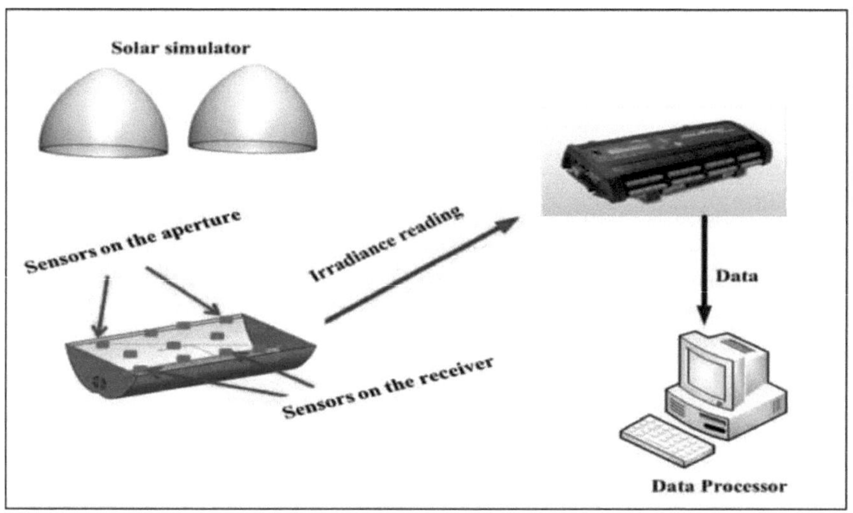

Fig 3.13 Diagrama esquemático do equipamento de ensaio;[95]

3.5 Descrição da preparação do nanofluido

Para a preparação de óxido de grafeno reduzido como solução de amostra de concentração de nanofluido, foram utilizadas técnicas de duas etapas [96]. A composição química do nanofluido de rGO é apresentada na Tabela 3.4. A espessura das nanopartículas foi selecionada 10nm, a pureza do rGO (99%), as dimensões laterais das partículas 5-10pm, as camadas médias das partículas 4-8 números, e a área de superfície $210m^2$ /g. Na primeira etapa, foi fornecida a nanopartícula de rGO disponível no mercado de acordo com o tamanho de partícula pretendido (Platonic Nanotech lab). Em seguida, a quantidade adequada de nanopartículas foi suspensa em água doce, de acordo com a solução de amostra pretendida, no misturador de banho ultrassónico vertical (NCES-ll) para esmagar a grande aglomeração de nanopartículas num copo durante 60 minutos, a fim de obter uma amostra estável utilizando um agitador magnético (ver Fig. 3.14). O comportamento da dispersão das nanopartículas foi mostrado na microscopia eletrónica de transmissão (TEM) (ver Fig. 3.16).

Tabela 3.4 Composição química das nanopartículas de rGO:[95]

Elementos	Carbono	Oxigénio	Hidrogénio	Escultura	Nitrogénio
Percentagem (%)	Bal	7.99	<1	<1	0.023

Fig 3.14 Preparação de amostras de nanofluido de rGO/água;[97]

Quadro 3.5 Especificações técnicas do óxido de grafeno reduzido sob a forma de nanopartículas:[95]

Descrição do rGO	Especificação
Material primário	Grafeno
Cor	Cinzento
Aparência	Forma de pó
Capacidade	Qualidade standard
Pureza	>99%
Espessura	5-10nm
Comprimento	5-10 microns nº de camadas
Número médio de camadas	4-8 camadas
Área de superfície	$200m /g^2$
Solubilidade	Água

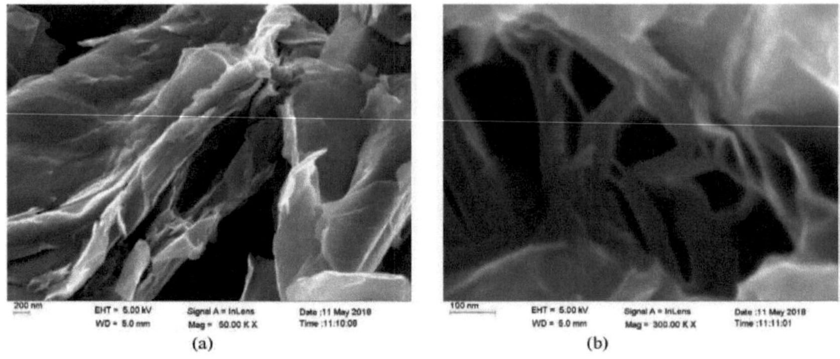

Fig 3.15 (a) Imagens TEM de nano-partículas de rGO para 200nm ;(b) para 100nm;[98]

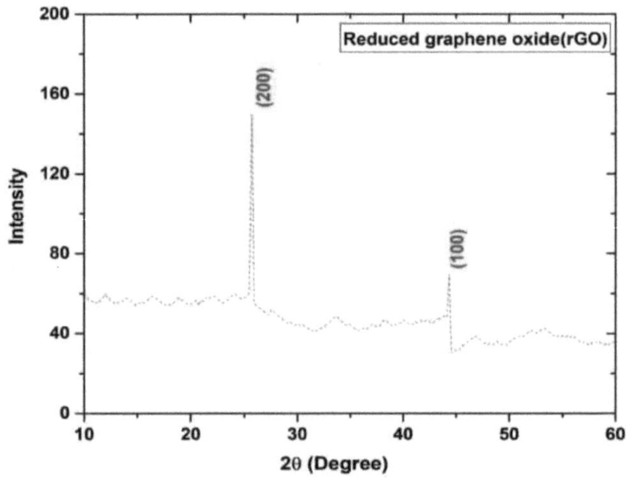

Fig 3.16 Variação da intensidade da nanopartícula por XRD;[99]

3.6 Procedimento experimental

O projeto e a demonstração do protótipo do diagrama de fluxo de linha do PSTC são apresentados na Fig. 3.17. O princípio de funcionamento do PSTC consiste principalmente num tanque de armazenamento, sensores de temperatura, bomba de acionamento, tubo recetor e espelho refletor parabólico. O PSTC foi desenvolvido com a ajuda de parâmetros de conceção para utilização doméstica em pequena escala, conforme ilustrado na Tabela 3.1.

Fig.3.17 Diagrama de fluxo do PSTC;[101]

Para melhorar o desempenho térmico do coletor, tendo em conta o ângulo de inclinação ideal, foram seleccionados em média 10-200 em função da variação da radiação solar incidente. A localização dos ensaios experimentais foi efectuada no BTL Institute of Technology, Karnataka, Índia (latitude 12^0 18^1 15^{11} N, longitude 72050 5^{111} W) [100]. O espelho refletor tem tiras de ânodo de Al e foi construído um tipo tubular de tubo recetor de cobre (ver Fig. 3.18). A temperatura de entrada do fluido flui no interior do tubo recetor e o nanofluido (rGO) do lado exterior circula como refrigerante de trabalho. Devido à influência do nanofluido no lado exterior da secção do tubo, a capacidade de transferência de calor foi estabelecida e a temperatura de saída do fluido aquecido é recolhida no tanque de armazenamento. Para medir as condições de temperatura de entrada, ambiente e de saída do fluido, foram utilizados termopares do tipo k ligados a um registador de dados (ktt-31- kimo-datta logger). O medidor solar (TES-132) foi utilizado para medir a radiação emitida pelo sol incidente no coletor. A taxa máxima de fluxo de fluido 2.2LPM é testada para diferentes condições com uma fração de massa variável de 0.5-1% como refrigerante de trabalho, dependendo da disponibilidade de radiação solar [102,103].

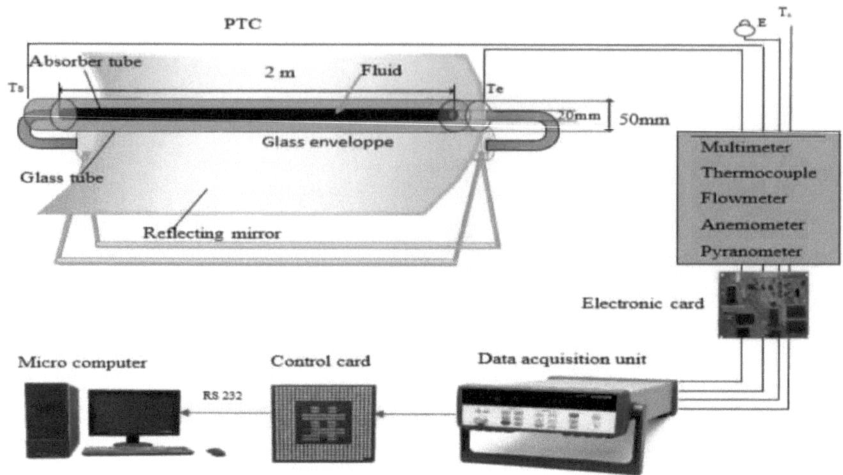

Fig.3.18 Configuração de funcionamento do PSTC de tipo fechado

Fig.3.19 Configuração de funcionamento do PSTC de tipo aberto

3.6 Procedimento de ensaio

Os seguintes factores influenciam o desempenho térmico, como a radiação incidente, a variação de temperatura e o caudal. Para as medições da radiação incidente, a taxa de ganho de energia térmica e o fluido refrigerante que passa no coletor são considerados como condições quase estáticas.

3.7.1 A constante de tempo

A capacidade térmica depende principalmente da duração dos intervalos de tempo para estabelecer a reação no tempo e também permitir um comportamento dependente do tempo em condições transitórias. Após a flutuação da radiação incidente nas superfícies dos espelhos reflectores, as constantes de tempo dos intervalos são necessárias para que o fluido refrigerante atinja 65% em condições quase estáticas. A constante de tempo pode ser calculada pela relação.

$$\frac{1}{e} = \frac{T_{0,r} - T_i}{T_{0,i} - T_i} \qquad (3.9)$$

3.7.2 A tentativa de tempo

Para a recolha, os intervalos de tempo e de período de dados específicos anteriores aos dados registados são conhecidos coletivamente como período de pré-dados. Preparámos o período de dados em condições de estado estacionário de acordo com as normas ASHARE 93-86. Devido às condições de estado estacionário, a irradiação e o caudal do fluido devem estar dentro de $\pm 55 W/m^2$, ±1,5% respetivamente.

Durante todo o período de teste, a temperatura de entrada do fluido foi minimizada para ±0,1K e as temperaturas das condições circundantes não excederam ±1,5K [46,104].

3.7.3 As equações de controlo

O estudo do desempenho em várias condições de temperatura de entrada do fluido. Seguimos as directrizes das normas ASHARE 93-86 [91]. Cada um dos dados testados foi organizado e considerado numa análise de um ponto, sendo os outros dados negligenciados. Na etapa seguinte, o caudal do nanofluido ou da água, as temperaturas de entrada e de saída do fluido foram determinados por instrumentos de medição. Posteriormente, a energia ganha no coletor (Eq. (3.10) e a quantidade de energia perdida do tubo foram expressas em relação à energia útil, como mostra a Eq. (3.11).

$$Q_u = mC_p\left(T_0 - T\right) \qquad (3.10)$$

$$Q_u = A_c F_R G_T \left(\tau\alpha\right) - U_L\left(T_i - T_a\right) \qquad (3.11)$$

Aqui,(kg/s) m é o caudal de fluido;(w) Q_u é o ganho de calor;(kJ/kg K) C_{pw} é a capacidade térmica específica do refrigerante;(m^2) A_c é a área de superfície do coletor;(^{0} c) T_O,T_i são as temperaturas de entrada e saída do fluido; (ra) produto de absorção-transmitância;(w/m^2 -K);U_L é o coeficiente de perda do coletor;(w/m^2) G_I é a irradiação solar.

A capacidade térmica de calor do nanofluido é calculada pela Eq.(3.11);[103,105,106]

$$C_{peff} = C_{p,bf}\left(1-\phi\right) + C_{p,nf}\left(\phi\right) \qquad (3.12)$$

Aqui, ϕ seja a fração mássica do nanofluido; C ,pn f seja o calor específico do rGO como nanofluido; (4,18kJ/kg-K) Cp,bf seja o calor específico do H_2O;(746J/kg-K);[107]

A eficiência instantânea pode ser estimada pela relação entre a energia útil calorífica obtida e a radiação incidente recebida pelo coletor; Eq.(3.11) e Eq.(3.12).

$$\eta_i = \frac{Q_u}{A_c G_T} = mC_{peff}(T_o - T_i) \tag{3.13}$$

$$\eta_i = F_R(\tau\alpha) - F_R U_L\left(\frac{T_i - T_a}{G_T}\right) \tag{3.14}$$

Os valores de $F_R U_L$ e F_R (ra) são constantes para a gama de temperaturas incidentes em condições normais. A partir da Eq. (6), os dados testados são obtidos em relação a $\left(\frac{T_i - T_a}{G_T}\right)$ e os valores dos dados de eficiência são traçados com (ra)F_R eixo vertical intersectado com a linha. Para aumentar a eficiência máxima do coletor, a temperatura de entrada do fluido deve ser igual à temperatura ambiente. Devido à perda de energia, a linha de declive F U_{RL} com intersecção do eixo horizontal é conhecida como ponto de estagnação. A eficiência do coletor neste ponto torna-se zero (o fluido não passa pelo coletor).

Tabela 3.6 Resultados da incerteza para os dados experimentais

Parâmetros	Percentagem de erro (%)
Irradiância global (RNB)	±1.45
Caudal de fluido (LPM)	±5.54
DT(T_o-T_i) c^0	±1.35

3.7.4 A análise do erro experimental

De acordo com as directrizes da ASME, todas as medições testadas têm erros e não existem temperaturas absolutas. Os seguintes factores influenciam, tais como dispositivos desequilibrados, erro nos dados registados e erro nos sistemas. Estes erros afectam os resultados dos dados experimentais e os erros desviados são apresentados na Tabela 3.7. Devido às incertezas dos erros, verificou-se que os resultados experimentais variaram ligeiramente em relação às medições desejadas.

$$S_n^2 = \left[\left(\frac{\Delta m}{m}\right)^2 + \left(\frac{\Delta(T_o - T_i)}{(T_o - T_i)}\right)^2 + \left(\frac{\Delta G}{G}\right)^2\right] \tag{3.15}$$

Devido à convecção forçada, uma corrente e um fluxo em fluidos são induzidos externamente através de ventiladores, bombas e agitadores, criando convecção artificialmente [103,108].

3.7.5 A análise térmica dos dados testados

A eficiência solar depende principalmente do ganho de energia útil, do fator de remoção de calor, da eficiência do coletor, da temperatura dos colectores, do caudal mássico, da capacidade térmica, da fração volumétrica, da condutividade térmica, da viscosidade dinâmica, do fluxo de calor do absorvedor, da radiação solar, da densidade do fluido, do número de Reynolds, do número de prandtl, do coeficiente global de perda de calor, da eficiência ótica e da eficiência instantânea.

A energia útil recolhida por unidade de tempo num sistema de colectores solares está a empregar concentrações que podem ser alcançadas.

$$Q_u = A_a F_R \left[\eta_O I_C - \frac{U_L (T_{fi} - T_a)}{CR} \right] \quad (3.16)$$

Também pode ser expressa como

$$Q_u = m \cdot C_{peff} (T_a - T_{fi}) \quad (3.17)$$

O fator de remoção de calor é dado por

$$F_R = \frac{m \cdot C_{peff}}{U_L \cdot A_r} \left[1 - e^{\frac{-A_r U_L F^1}{m C_{peff}}} \right] \quad (3.18)$$

Equacionando as equações (3.16-3.17),

$$m \cdot C_{peff} (T_a - T_{fi}) = \frac{A_a m C_{peff}}{U_L} \left[1 - e^{\frac{-A_r U_L F^1}{m \cdot C_{peff}}} \right] * \left[\eta_o I_c - \frac{U_L (T_{fi} - T_a)}{C_{Peff}} \right] \quad (3.19)$$

Pode ser resolvido a dar como,

$$T_{fo} = T_a + \frac{CR \cdot \eta_o I_c}{U_L} + (T_{fi} - T_a) - \left[\frac{CR \cdot \eta_o I_c}{U_L} \cdot e^{\frac{-F^1 U_L A_r}{m C_{pe}}} \right] \quad (3.20)$$

A eficiência do coletor solar de concentração pode ser calculada como

$$\eta_c = \frac{m \cdot C_{peff} (T_{fo} - T_{fi})}{I_c \cdot A_a} \quad (3.21)$$

Equação-(3.17)

$$\eta_c = F_R\left[\eta_o - \frac{U_L\left(T_{fi} - T_a\right)}{CR \cdot I_c}\right] \tag{3.22}$$

Quando não há fluxo de fluido (ou seja, a eficiência é zero), a temperatura de estagnação do absorvedor pode ser escrita utilizando a equação

$$T_{sgt} = T_a + \left[\frac{\eta_o \cdot CR \cdot I_c}{U_L}\right] \tag{3.23}$$

O fluxo de calor do absorvedor no coletor pode ser estimado como;[101]

$$S = I_b \eta_o \rho\gamma\left(\tau\alpha\right)_b + I_b \eta_o \left(\tau\alpha\right)_b \left[\frac{D_o}{W - D_o}\right] \tag{3.24}$$

A velocidade do fluido no interior do tubo recetor é calculada pela equação

$$v = \frac{4m}{\pi D_i^2 \rho_{nf}} \tag{3.25}$$

A fração mássica de partículas de nanofluido de óxido de grafeno reduzido pode ser estimada como;[103]

$$\varphi_{rGO} = \frac{\dfrac{w_{nf}}{\rho_{nf}}}{\dfrac{w_{nf}}{\rho_{nf}} + \dfrac{w_{bf}}{\rho_{bf}}} \tag{3.26}$$

A densidade do nanofluido reduzido pode ser calculada pela relação;[103]

$$\rho_{rGO} = \varphi_{nf}\rho_{nf} + \left(1 - \varphi_{nf}\right)\rho_{bf} \tag{3.27}$$

A viscosidade dinâmica das partículas de nanofluidos pode ser calculada pela equação;[103]

$$\mu_{rGO} = \left(1 + 2.5\varphi_{rGO}\right)\mu_{bf} \tag{3.28}$$

A condutividade térmica efectiva das partículas de nanofluidos pode ser calculada pela relação;[103,109,110]

$$K_{eff} = K_{bf} \cdot \frac{K_{nf} + 2K_{bf} + 2\varphi_{rGO}\left(K_{nf} + K_{bf}\right)}{K_{nf} + 2K_{bf} - \left(K_{nf} - K_{bf}\right)\varphi_{rGO}} \tag{3.29}$$

O número de Reynolds pode ser calculado com base no fluxo de fluido no interior do recetor

$$R_e = \frac{\rho_{nf} v D_i}{\mu_{rGO}} \tag{3.30}$$

O significado do número de prandtl pode ser calculado pela relação

$$P_r = \frac{C_{Peff} \cdot \mu_{eff}}{K_{eff}} \tag{3.31}$$

O significado do número de Grashof do escoamento do fluido pode ser estimado da seguinte forma

$$G_r = \frac{g \rho_{nf} \beta \Delta T L^3}{\mu^2} \tag{3.32}$$

O coeficiente de transferência de calor por convecção na superfície interior do tubo absorvido é estimado para o recetor

$$h_f = \frac{N_u \cdot K_{eff}}{D_i} \tag{3.33}$$

O coeficiente de perda de calor (U_L) pode ser calculado com base na área do recetor (A_r) e é calculado pela relação

$$U_L = \left[\frac{A_r}{\left(h_w + h_{r,c-a}\right)A_{cg}} + \frac{1}{h_{r,r-c}}\right]^{-1} \tag{3.34}$$

O coeficiente global de perda de calor (U_o) baseado no diâmetro exterior do tubo recetor é dado por

$$U_o = \left[\frac{1}{U_L} + \frac{D_o}{h_f D_i} + \frac{D_o In\left(D_o / D_i\right)}{2K_{eff}}\right] \tag{3.35}$$

O fator de remoção de calor do coletor e o coeficiente global de perda de calor podem ser estimados pelas relações

$$F^{1} = \frac{1}{U_L\left[\frac{1}{U_L} + \frac{D_o}{U_L h_f}\right]} \tag{3.36}$$

O fator de remoção de calor é expresso pela equação

$$F_R = \frac{mC_{peff}}{\pi D_o U_L L}\left[1 - \exp\left(\frac{-F^{1}\pi D_o U_L L}{mC_{peff}}\right)\right] \tag{3.37}$$

O rácio de concentração (CR) é calculado através da seguinte relação

$$CR = \frac{(W - D_o)L}{\pi D_o L} \tag{3.38}$$

O ganho de calor útil (Q_u) pode ser estimado pela relação

$$Q_u = F_R(W - D_o)L\left[S - \frac{U_L(T_{fi} - T_a)}{CR}\right] \tag{3.39}$$

Por conseguinte, a taxa de perda de calor = $(W - D_{cg})\,LS - Q_u$

A temperatura do fluido à saída do tubo recetor pode ser calculada com base na taxa de ganho de calor útil como

$$T_{fo} = \left[T_a + \frac{Q_u}{\rho_{nf}}\right]\frac{1}{mC_{peff}} \tag{3.40}$$

A eficiência instantânea é calculada pela equação

$$\eta_{is} = \frac{Q_u}{I_c \eta_o W L} \tag{3.41}$$

A eficiência ótica é estimada pela equação

$$\eta_o = \frac{I_b \cdot r_b \cdot \rho \cdot \gamma(\tau\alpha)_b\left[W - D_{cg}\right]L + I_b \cdot r_b(\alpha\tau)_b \cdot D_{cg} \cdot L}{I_b \cdot r_b \cdot W \cdot L} \tag{3.42}$$

A eficiência térmica do coletor solar é calculada pela relação

$$\eta_t = \frac{m \cdot C_{peff}(T_{fo} - T_{fi})}{I_b \cdot A_a \cdot t} \tag{3.43}$$

Nota: *O conjunto de cálculos experimentais pode ser consultado no anexo no final da conclusão*

3.8 Resultados experimentais

O desempenho térmico do PSTC com influência do rGO como nanofluido depende principalmente da variação da temperatura e da taxa de fluxo do fluido. Os valores de cada dado experimental foram registados em condições quase-estáticas, com o ângulo de inclinação médio fixado em 480. O PSTC foi exposto à radiação solar durante os intervalos de tempo das 10h00 às 17h00 no ano de 2018 e os dados registados foram registados a cada 10 minutos. Estes resultados são apresentados em gráficos que descrevem os parâmetros das variações de temperatura e da eficiência solar.

3.8.1 O efeito das radiações solares

Os dados experimentais foram efectuados para o ano de 2018 e o céu é visível com a radiação incidente nesses dias de ensaio. A radiação solar incidente no coletor foi adequada e normal durante os dias de ensaio. Este gráfico de dados é semelhante ao relatado em estudos anteriores[111]. A distribuição da radiação solar incidente incide no coletor através da água utilizada como fluido de arrefecimento. Por outro lado, o fluido refrigerante de trabalho é substituído por nanofluido com um ligeiro aumento da radiação incidente no coletor (ver Fig. 3.20). Para este efeito, verificou-se que a capacidade de transferência de calor foi melhorada e o ganho de energia recebível no nanofluido aumentou. O princípio do movimento browniano foi utilizado para estudar as propriedades do nanofluido (ver Fig. 3.21).

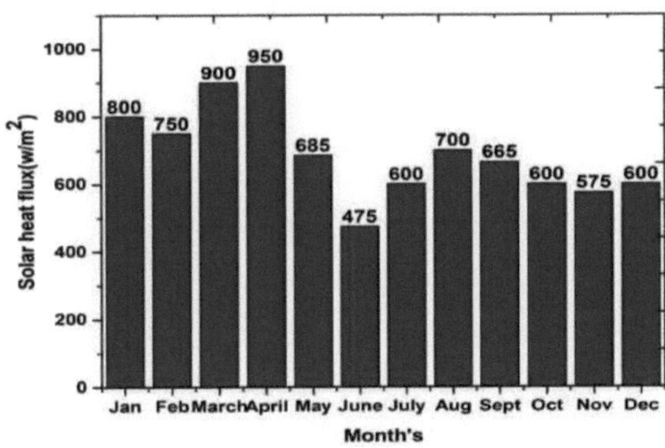

Fig 3.20 Distribuição da radiação solar no coletor ao longo do ano de 2018

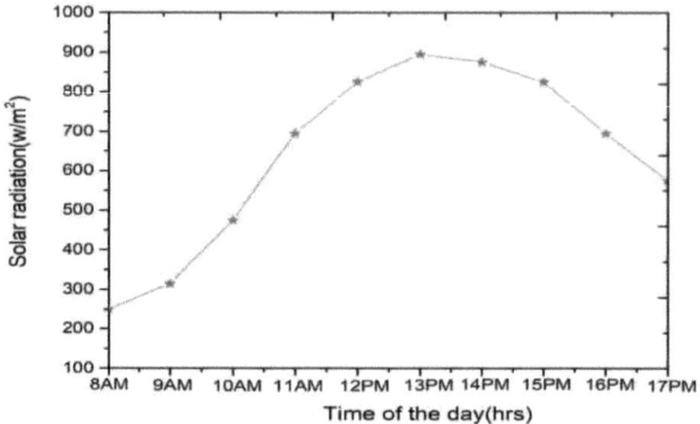

Fig 3.21 Distribuição da radiação solar incidente na eficiência com influência de rGO/água e fluido de base como refrigerante

3.8.2 O efeito do caudal de água

Para determinar a eficiência do PSTC em influenciar o caudal com consideração da variação do caudal de fluido através do controlo e de uma válvula reguladora, foram utilizados. Foi selecionada uma gama adequada de caudal de fluido de 0,275 a 2,2 LPM e foram efectuados vários testes. A fração de massa de 1% de rGO/água como nanofluido e água pura versus eficiência do coletor foi apresentada nos resultados. Para o efeito do nanofluido como refrigerante, a eficiência foi aumentada através do aumento do fluxo de fluido (ver Fig. 3.22). De acordo com a natureza da curva, o aumento do número de Reynolds conduz à capacidade de transferência de calor e este resultado está razoavelmente de acordo com o trabalho anterior de eristafari etal [112].

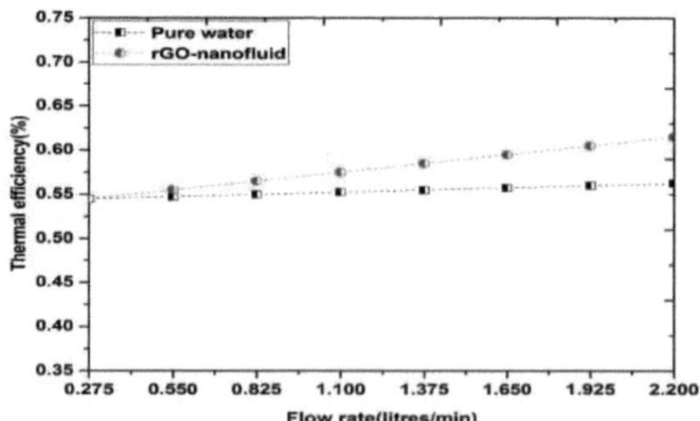

Fig. 3.22 Eficiência do coletor solar de calha parabólica com nanofluido rGO/água e água pura para vários caudais

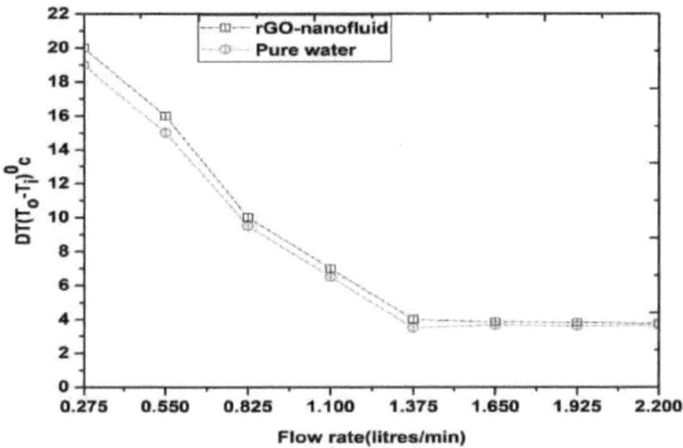

Fig. 3.23 Variação das temperaturas de entrada e saída do fluido no nanofluido versus caudal do fluido

Tabela 3.7 O F U_{RL} e F_R (TO) do PSTC para o refrigerante

Caudal de fluido (LPM)	Fluidos refrigerantes	F_RU_L	$(TU)F_R$	R^2
1.1	água	7.56	0.68	0.965
1.1	rGO/água	8.56	0.70	0.987

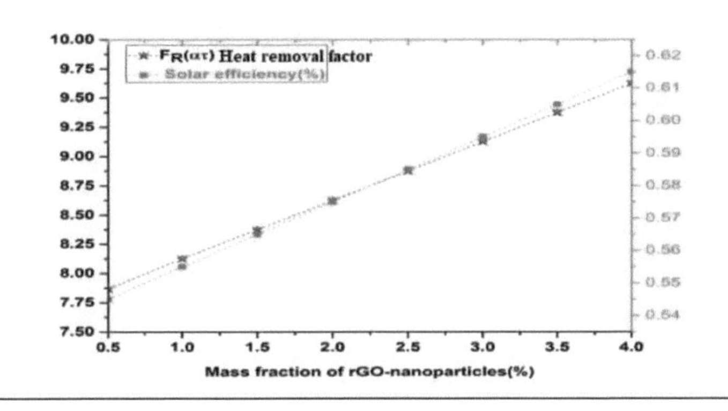

Fig 3.24 Variação da fração mássica de rGO-nanofluido e fator de remoção térmica versus eficiência solar

Entretanto, a eficiência do coletor aumenta marginalmente para uma utilização mais elevada do nanofluido em comparação com a água pura (ver Fig. 3.23). Depois de examinarmos vários resultados experimentais, compreendemos que o movimento do fluido, o fluxo do fluido, as partículas de turbulência no nanofluido ajudam a aumentar a taxa

da capacidade de transferência de calor e, subsequentemente, aumento da eficiência. Uma mudança na temperatura do fluido (AT) foi diminuída enquanto se aumentava o caudal do fluido (ver Fig. 3.24). O fator de remoção de calor desempenha um papel importante no PSTC para ambos os fluidos refrigerantes com um produto de (ra) absorção-transmitância (ver Tabela 3.7). O efeito da fração de massa rGO/água na eficiência solar com o declive do fator de remoção de calor mostra que o aumento das propriedades ópticas através da radiação solar também aumentou em comparação com a água pura (ver Fig. 3.25).

3.8.3 O efeito do nano-fluido

O modelo de tubo recetor evacuado e não evacuado é selecionado para apresentar um melhor desempenho de transferência de calor com uma magnitude solar fixa do fluxo de calor. O nanofluido de rGO/água destilada com fração mássica de refrigerante (1%Vol) e caudal constante de 0,275-2,2LPM. A variação do número de Nusselt médio para a duração dos intervalos de tempo para a condição de tubo não evacuado (ver Fig. 3.26) diminui ligeiramente em comparação com o modelo de tubo evacuado.

Não é afetado pela flutuação da radiação solar incidente no coletor em ciclos diários.

A distribuição da temperatura do escoamento do fluido no interior da parede do tubo recetor e a temperatura a granel do nanofluido desempenham um papel importante no desempenho térmico. A camada limite mais fina na secção do tubo contribui para a taxa efectiva de transferência de calor.

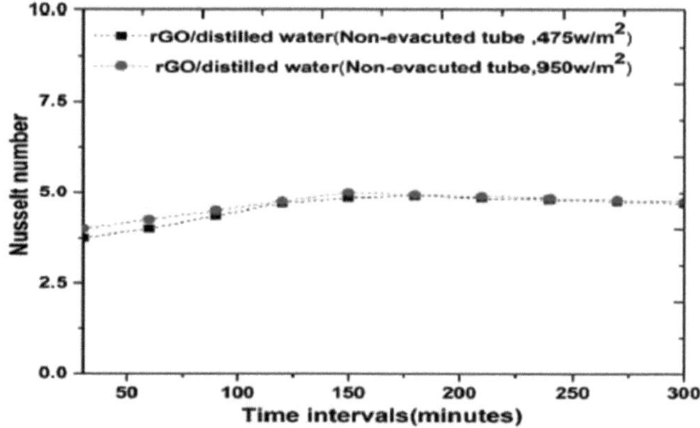

Fig. 3.25 Distribuição do número de Nusselt para a duração dos intervalos de tempo para o tubo não evacuado Condição.

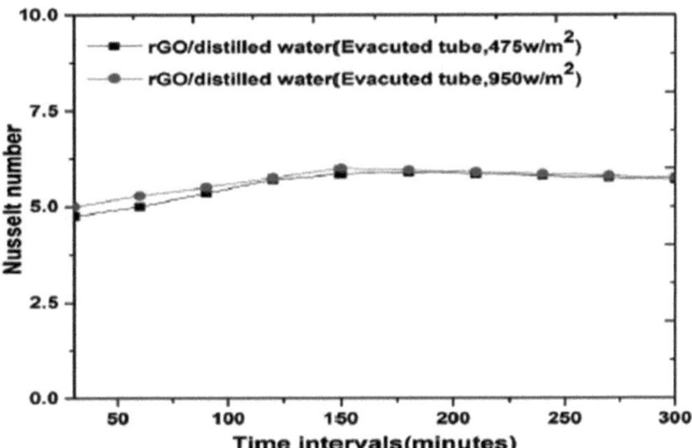

Fig 3.26 Distribuição do número de Nusselt em função da duração dos intervalos de tempo para a condição de tubo evacuado

3.9 Resumo dos resultados

Os pontos seguintes foram resumidos com base no projeto, fabrico e testes experimentais com o rastreio manual no PSTC.

- Neste capítulo, foram efectuados estudos de conceção, fabrico e experimentação de sistemas de colectores de calha parabólica.

- Para a conceção do PSTC, as equações da parábola e os parâmetros físicos, tais como a largura da abertura, o ângulo da borda, o comprimento do coletor, o h 61 da parábola, a distância focal, a razão de concentração com a ajuda das coordenadas x-y, através da aplicação do software v.2 parabola expression.

- Os protótipos demonstrados de sistemas de colectores de calha parabólica foram desenvolvidos com variação dos parâmetros físicos de conceção para utilização em aplicações domésticas e de média escala.

- O projeto do PSTC consiste principalmente na largura da abertura (1,75 m), comprimento do coletor (1,75 m), ângulo do aro (900), área da abertura (3,0189 m^2), altura da parábola (0,5345 m), distância focal (0.3456m), rácio de concentração (21,23), superfícies reflectoras (0,5mm), diâmetro da superfície interior (21,34mm) e superfície exterior (25,4mm) no tubo recetor foram seleccionados para estudar o desempenho térmico do PSTC.

- Os conceitos fundamentais básicos da radiação solar dependem principalmente da latitude, da longitude, do ângulo médio do azimute solar, do ângulo horário solar, do ângulo de declinação e do mecanismo de rastreio manual, que foram adoptados para estudar a radiação solar incidente no PSTC.

- Devido ao mecanismo de rastreio manual, é demonstrado um modelo protótipo na orientação horizontal da estrutura do PSTC na direção norte-sul e no ângulo de inclinação ótimo escolhido entre 10 e 200.

- A superfície do espelho refletor é constituída por tiras de ânodo de Al (1,75 m), espessura do material (0,5 mm), propriedades ópticas de refletividade de 95% da luz solar e absorvência do tubo absorvente de 92%.

- A fim de melhorar o desempenho térmico, o óxido de grafeno reduzido (rGO) como nanofluido actua como fluido de transferência de calor no tubo absorvente com um caudal máximo de 2,2 LPM.

- O nanofluido preparado como refrigerante de trabalho no PSTC e seleccionaram a fração de massa de 0,5-1% com variação de 0,5% por cada 2,2LPM. Para cada 332ml de nanofluido, a fração de massa de rGO adicionada para a preparação da amostra é de 1,945gms.

- Após a configuração bem sucedida do modo de funcionamento do PSTC, seguimos as directrizes das normas ASTM-E93 durante os dias de ensaio e, normalmente, os períodos de tempo foram seleccionados entre as 10.00 e as 17.00 horas.

- A análise da percentagem de erros de incerteza da irradiância global (±1,45%), da variação da temperatura DT(T_o -T $)_i{}^o$ c[±1,35%] e do caudal (±5,45%) foi seguida para estimar a precisão da eficiência do PSTC.

- A nossa nação está localizada na latitude (12,570), longitude (75,350) e ângulo de inclinação médio (1020^0). Para estudar o efeito do nanofluido na transferência de calor, seleccionaram o período de teste ao longo de um ano de 2018.

- Os resultados experimentais sobre o efeito da radiação solar, do caudal e do nanofluido foram analisados e a análise detalhada é explicada no capítulo seis (Conclusão e recomendações futuras).

Por fim, estes resultados experimentais (capítulo três), a análise teórica (capítulo quatro) e a investigação numérica (capítulo cinco) são comparados com os sistemas de aquecimento solar de água existentes.

Capítulo 4

Conclusão e recomendações para trabalhos futuros

4.1 Introdução

O Estado de Karnataka, na Índia, enfrenta desafios muito sérios em termos de fornecimento de energia eléctrica, utilização regular, consumo desequilibrado de energia, fornecimento inadequado e falta de fiabilidade em relação à procura de capacidade tecnológica. O elevado potencial da radiação solar recebida na maior parte do país e pouca atenção é dada às suas actividades de desenvolvimento da investigação. Devido ao lento desenvolvimento da energia solar e a vários factores que contribuíram para tal, tais como incentivos nulos, investigação inadequada, Karnataka, incluindo custos elevados e pouca sensibilização. A fim de satisfazer o contributo necessário para o cabaz energético18% (2009), 28% (2018) e 43% (2030).

O presente trabalho de investigação investiga as formas de melhorar o desempenho de um coletor solar de média escala baseado em PSTC, tendo em conta os principais factores que afectam o desempenho térmico; a radiação solar recebida, o custo da eficácia da conceção e a orientação do coletor, que conduzem ao desempenho do coletor solar na localização dos estados norte-sul no estado de Karnataka.

4.2 Estudos comparativos do fator de atrito e do número de Nusselt para diferentes nanofluidos

Os PSTC simétricos estáticos foram desenvolvidos através de uma investigação geométrica, ótica e térmica pormenorizada, com estudos comparativos sobre o nanofluido, a eficiência solar, a temperatura do fluido refrigerante, o fator de atrito e o número de Nusselt.

O número de Nusselt médio e o fator de atrito desempenham um papel vital no escoamento do fluido no interior do modelo de tubo recetor. Há vários factores que influenciam o PSTC, tais como o caudal, a fração de massa do nanofluido, a irradiância solar e o coeficiente de transferência de calor por convecção. Com base em referências bibliográficas e na presente investigação, uma vez que os nanofluidos têm uma composição com maior teor de carbono e são solúveis em fluidos de base devido à diferença de densidades entre eles.

Os parâmetros físicos do nanofluido, como o fator de atrito, o número de Reynolds e o número de Nusselt médio, variam com o período de tempo real num fluxo de calor fixo no modelo de recetor PSTC.

O nanofluido rGO/água aumenta ligeiramente o desempenho térmico em comparação com a água pura e o fator de atrito é comparativamente reduzido no caso do modelo de recetor evacuado.

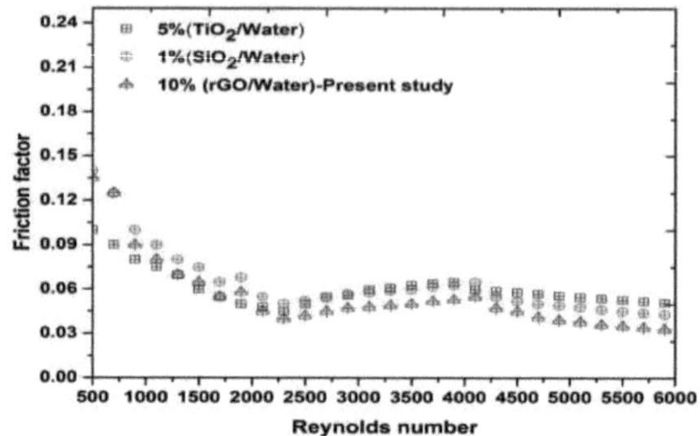

Fig. 4.1 Estudo comparativo do efeito dos nanofluidos no modelo recetor para o fator de atrito

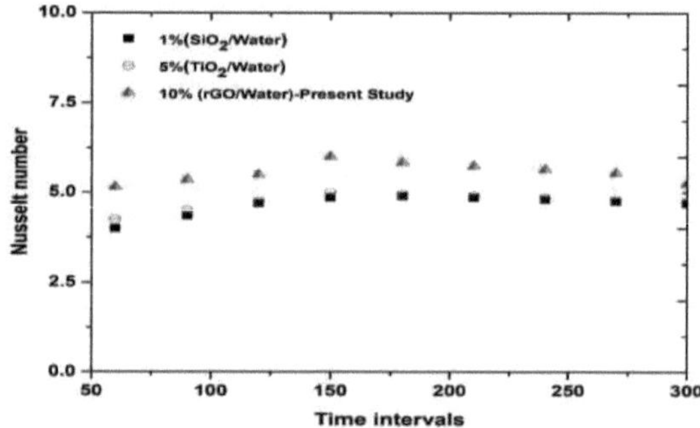

Fig 4.2 Estudo comparativo do efeito dos nanofluidos no modelo do recetor para o número de Nusselt

- Os números médios de Nusselt foram aumentados pela radiação solar adequada incidente no coletor com caudal constante. Isto leva a uma melhoria da taxa de transferência de calor em condições de evacuação.

- No entanto, a comparação estudada entre a fração de massa e o fator de atrito e os números médios de Nusselt concordam razoavelmente bem com a presente investigação.

4.3 Estudos comparativos das diferenças de temperatura de saída no efeito do atrito de massa dos nanofluidos

As normas ASHARE 93-86 foram seguidas para melhorar o desempenho térmico a diferentes caudais de fluido 0,275-2,2LPM. Para a presente investigação sobre o PSTC, utilizou-se água pura e nanofluido de rGO/água, considerando a fração de massa de 0,5-1,0% como fluido refrigerante. Os seguintes pontos foram resumidos com referência a estudos anteriores.

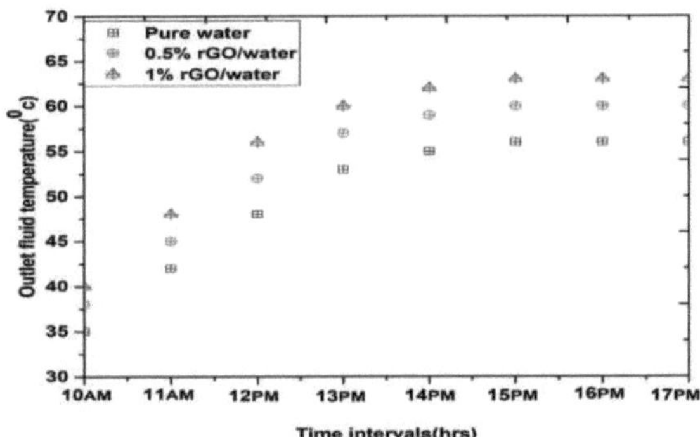

Fig 4.3 Estudo comparativo da variação das temperaturas de saída do fluido para diferentes composições de fração mássica de nanofluido

- A radiação solar incidente no coletor diminuiu no inverno e aumentou no verão para ambos os fluidos refrigerantes.
- A influência do nanofluido no PSTC aumentou a eficiência em comparação com a água pura. No entanto, verificou-se que não houve efeito aparente em ambos os refrigerantes de trabalho devido à radiação solar.
- A eficiência térmica do PSTC aumenta ligeiramente com o aumento do caudal. Com um caudal de fluido mais elevado, a capacidade de transferência de calor é mais eficaz na influência do nanofluido em comparação com a água pura.
- As temperaturas do fluido de arrefecimento no coletor solar aumentaram quando a fração mássica foi utilizada como fluido de arrefecimento de 0,5-1,0%. Isto indica que o desempenho térmico do PSTC foi melhorado em comparação com a referência de estudos anteriores.

4.4 Recomendações para trabalhos futuros

O fornecimento de boas especificações técnicas para a conceção e a melhor orientação resulta na eficiência térmica do modelo de tubo recetor baseado no coletor solar de calha parabólica. Estes colectores são adequados para muitas aplicações com intervalos de tempo para horas de funcionamento, eficiências ópticas e solares razoáveis. O estudo atual do PSTC e dos seus modelos é um trabalho adicional para melhorar o desempenho, conforme resumido nos pontos seguintes;

- O modelo de tubo recetor elíptico e duplo em coletor solar simples com esta ideia inovadora deve ser investigado mais aprofundadamente para diferentes áreas de secção transversal.

- A energia solar potencial depende das condições climáticas de uma região e recomenda-se o desenvolvimento de investigação sobre os parâmetros de conceção óptimos para o PSTC e o fluido de trabalho refrigerante para o distrito de Bengaluru.

- Para aumentar a capacidade de aquecimento em sistemas de aquecimento solar de água com múltiplos conjuntos de colectores, estes são ligados e testados diariamente sob a luz solar real.

- Os sistemas fotovoltaicos e PSTC combinados contribuem como sistemas híbridos de aquecimento solar de água para aplicações de média escala, como as tecnologias de processamento industrial e de processamento de alimentos.

- A utilização de alguns fluidos de arrefecimento, como o óxido de titânio (TiO_2), o óxido de magnésio (MgO) e o óxido de alumínio (Al_2O_3), permite melhorar o mecanismo de transferência de calor no PSTC.

Referências

[1] Problemas energéticos com que a Índia se confronta;

https://globalriskinsights.com/2014/03/5-energy-problems-confronting-india

[2] T.V.Ramachandran, Rishabh.J, Solar energy the sustainable energy option in Karnataka (Energia solar, a opção energética sustentável em Karnataka);

http://wgbis.ces.iisc.ernet.in/biodiversity/pubs/ces_tr/TR132/solarenergy.htm

[3] Karnataka surge como o maior mercado de energia solar em modo de acesso aberto:

https://energy.economictimes.indiatimes.com/news/renewable/karnataka-emerges-as-largest-market-for-solar-power-in-open- access-mode/74694539

[4] Michael.W, A energia está no centro da transformação da Índia, Energy Investment Analyst:

https://www.iea.org/commentaries/energy-is-at-the-heart-of-indias transformação

[5] Jai,S.P,Akhil,P.S,K,Balachandran,Energy Sector in India: Challenges and Solutions, International Conferences on Green Computação, Comunicação e Conservação de Energia (ICGCE), IEEE Explore, 2013, Índia;

https://doi.org/10.1109/ICGCE.2013.6823492

[6] Energia solar térmica para serviços públicos e indústria, Development of Energy & Mineral Engineering: https://www.e-education.psu.edu/eme811/node/685

[7] Colectores solares de tubo evacuado para água quente, Home of Alternative and Renewable Energy-Tutorials;https://www.alternative- energy-tutorials.com/solar-hot-water/evacuated-tube collector.html

[8] Duffie,J.A, Beckman,W,A, Solar Engineering of Thermal Processes, Wiley and Sons,,2014

[9] Zarza Moya.E, Parabolic-trough concentrating solar power (CSP) systems in concentrating solar power technology, Principles,

Developments, and Applications,Woodhead Publishing,pp.197-237,2013

[10] Kaufui.V.Wong,Omar De Leon,Applications of nano-fluids: current and future, International Journal of Advances in Mechanical Engineering,pp.1-11,2020; https://doi.org/10.1155/2010/519659

[11] Najla El Gharbia,b , Halima Derbalb , Sofiane Bouaichaouia , Noureddine Saida, A comparative study between parabolic trough collector and linear Fresnel refletor technologies,EnergyProcedia,Vol(6),pp.565-572,2011; https://doi.org/10.1016/j.egypro.2011.05.065

[12] RogerA . Powell, Parabolic trough solar refletor, Patente dos Estados Unidos, Número da patente:

4,611,575,1986;https://patentimages.storage.googleapis.com/6c/22/ec/76a82d27f2e6f5/US4611575.pdf

[13] Função quadrática , Projeto TIMES (Melhoria do Ensino da Matemática nas Escolas);

https://amsi.org.au/teacher_modules/Quadratic_Function.html

[14] Esmail M.A.MokheimerYousef N.DabwanMohamed A.HabibSyed A.M.SaidFahad A.Al-Sulaiman, Técnico-

económico

análise de desempenho do coletor de calha parabólica em Dharan, Arábia Saudita, Conversão e Gestão de Energia, Vol(86), pp.622-633, 2014:https://doi.org/10.1016/j.enconman.2014.06.023

[15] C.Chang, Tracking solar collection technologies for solar heating and cooling systems; Advances in solar Heating and

Cooling Systems, Woodhead Publishing, pp.345-450, 2016; https://doi.org/10.1016/C2014-0-03661-1

[16] Mohammad Alghoul, B.Z. Azmi, M.Y. Sulaiman, M.Abd. Wahab, Revisão dos materiais para colectores solares térmicos, Anti-

Corrosion Methods and Materials,Vol.52(4),pp.199 206,2005;https://doi.org/10.1108/00035590510603210

[17] Eltahir Ahmed Mohamed, Design and testing of a solar parabolic concentrating collector, International Conference on Renewable Energies and Power Quality, Vol.1(11),pp.72-76,2013;https://doi.org/10.24084/repqj 11.219

[18] Vijayan Gopalsamy,R Karunakaran, Investigação experimental sobre o sistema de produção de água quente PSTC, Journal of Advances

in Chemistry,Vol.13(2),pp.9-16,2017; https://doi.org/10.24297/jac.v13i0.5599

[19] Budi Kristiawan, Budi Santoso, Agung Tri Wijayanta, Muhammad Aziz, Takahiko Miyazaki,Melhoria da transferência de calor de

TiO_2 /nanofluido de água em fluxos laminares e turbulentos: Uma abordagem numérica para avaliar o efeito das cargas de nanopartículas, Journal of Energies, Vol.11(6), pp.1584, 2018; https://doi.org/10.3390/en11061584

[20] A.Jamar, Z.A.A.Majid, W.H.Azmi, M.Norhafana, A.A.Razak,Areview of water heating system for solar energy applications, International Communication in Heat Transfer,Vol.76,pp.178-187,2016; https://doi.org/10.1016/j.icheatmasstransfer.2016.05.028

[21] Deepika.T, R, Saini, Design e investigação do concentrador solar de calha parabólica, série de livros Springer, 2018,

Springer;https://doi.org/10.1007/978-981-10-4576-9_6

[22] Hank Price,Eckhard Lupfert,David Kearney ,Eduardo Zarza,Gilbert Cohen, Advances in Parabolic Trough Solar Power

Tecnologia, Journal. Of Solar Energy, Vol.124 (2),pp.109-125,2012; https://doi.org/10.1115/L1467922

[23] Santosh Kumar Singh, Arvind Kumar Singh ,Santosh Kumar Yadav, Design and fabrication of parabolic trough solar water heater for hot water generation, International Journal of Engineering Research & Technology (IJERT),Vol.1(12),pp.1- 9,2012;

[24] Gopalsamy Vijayan,Karunakaran Rajasekaran,avaliação do desempenho do nanofluido em calha parabólica solar

colecionador, Journal of Thermal Science, Vol.24(2), pp.853-864, 2020; https://doi.org/10.2298/TSCI180509059G

[25] Irving Eleazar Perez Montesa, Arturo Mejia Beniteza, Omar Mercado Chaveza, Alvaro Eduardo Lentz Herrerab, Design e

Construção de um Coletor Solar de Calha Parabólica para Produção de Calor de Processo, Energy Procedia , ISES Solar World Congress,Vol.57 ,pp.214-2158, 2014 ; https://doi.org 10.1016/j.egypro.2014.10.181

[26] Vaibhav,R.Shah,N,M.Bhatt,Revisão sobre aquecedores solares de líquidos baseados em tubos de vidro evacuados, Journal of Environmental Science, Vol.(2),2014;

[27] O.A.Lasode, Desenvolvimento e avaliação do desempenho do aquecedor solar de água de calha parabólica para aplicações

em edifícios, Conferências Internacionais de Engenharia de Energia, Vol.8(11),2011;

[28] Arun Kumar Tiwari, Pradyumna Ghosh, Jahar Sarkar, Aquecimento solar de água utilizando nanofluidos - Uma panorâmica geral

e análise de impacto ambiental, Revista Internacional de Tecnologia Emergente e Engenharia Avançada, Vol(3), pp.221-224, 2013;

[29] M Karami, M Raisee ,S Delfani, Numerical Investigation of Nanofluid-based Solar Collectors IOP Conference Series:

Ciência e Engenharia de Materiais, Vol.64 ,pp. 012044, 2014; https://doi.org/10.1088/1757-899X/64/1/012044

[30] P.K.Nagarajan J.Subramani S.SuyambazhahanRavishankar Sathyamurthy, Nano-fluids for Solar Collector Applications: A

Review,Energy Procedia,Vol.61,pp.2416-2439,2014; https://doi.org/10.1016/j.egypro.2014.12.017

[31] A.H.Elsheikh,S.W.Sharshir,Mohamed E.Mostafa,F.A.Essa,Mohamed Kamal Ahmed Ali, Applications of nano-fluids in solar

energia: A review of recent advances Journal of Renewable and Sustainable Energy Reviews,Vol.82(3),pp.3483-3502; https://doi.org/10.1016/j.rser.2017.10.108

[32] Xie H, Yu W, Li Y, Discussão sobre o aumento da condutividade térmica dos nanofluidos. Nanoscale.Res.Lett Vol.6,pp.1-

6,2011; https://doi.org/10.1186/1556-276X-6-124

[33] Xie H, Wang J, Xi T, Aumento da condutividade térmica de suspensões contendo partículas de alumina de tamanho nanométrico. Jornal de

Applied Physics, Vol.91, pp.4568 -72. 2002; https://doi.org/10.1063/L1454184

[34] Yu W, Xie H, Bao D. Condutividades térmicas melhoradas de nanofluidos contendo nanofolhas de óxido de grafeno.

Nanotechnology, Vol.2,pp1-7.2010;https://doi.org/10.1088/0957-4484/21/5/055705

[35] Chen L, Xie H. Nanofluidos sem surfactantes contendo nanotubos de carbono de parede dupla e simples funcionalizados por um processo húmido

reação mecânico-química. Thermo-chemical Ata, Vol.497,pp.61-7,2010:https://doi.org/ 10.1016/j.tca.2009.08.009

[36] P.K.Nagarajan,J.Subramani,S.Suyambazhahan,Ravishankar Sathyamurthy,Nano-fluidos para aplicações em colectores solares :A

revisão, Energy Procedia, Conferência Internacional sobre Energia Aplicada, Vol.(61), pp.2413-

2434,2014;https://doi.org/10.1016/j.egypro.2014.12.017

[37] Yu W, David MF, Jules LR, Revisão e comparação da condutividade térmica de nanofluidos e melhorias na transferência de calor. Heat Transf Eng, Vol.29,pp.432-60,2008; https://doi.org/10.1080/01457630701850851

[38] Paul G, Chopkar M, Manna I, Techniques for measuring the thermal conductivity of nanofluids: a review. Renovar Sustentar

Energy Rev, Vol.14, pp.1913-1924.2010; https://doi.org/10.1016/j.rser.2010.03.017

[39] K.S. Reddy, Nikhilesh R. Kamnapure ,Shreekant Srivastava, Nanofluid and nano-composite applications in solar energy

sistemas de conversão para melhoria do desempenho: A review, International Journal of Low-Carbon Technologies, Vol.12,pp.1-23,2017; https://doi.org/10.1093/ijlct/ctw007

[40] Vallentin D, Viebahn P. Oportunidades económicas resultantes de uma implantação global de tecnologias de energia solar concentrada (CSP) - o exemplo dos fornecedores de tecnologia alemães. J.Energy Policy;Vol.38,pp.4467 -4478.2010; https:ZZdoi.org/10.1016Zj.enpol.2010.03.080

[41] Salavati S, Kianifar A, Niazmand H, Investigação experimental sobre a eficiência térmica e as características de desempenho de um coletor solar de placa plana utilizando nanofluidos SiO2/EG-água. Comunicação Internacional de Transferência de Massa e Calor, Vol.65, pp.71-75, 2015; https://doi.org/10.1016/j.icheatmasstransfer.2015.02.011

[42] Karami M, Bahabadi MAA, Delfani S. Uma nova aplicação de nanofluido de nanotubos de carbono como fluido de trabalho de baixa temperatura

coletor solar de absorção direta. Solar Energy Mater Solar Cells 2, Vol.121, pp.114-118, 2014;

https: //doi.org/10.1016/j.solmat.2013.11.004

[43] Meng TC, Saidur R, Said Z, Avaliação do efeito dos absorventes à base de nanofluidos no coletor solar direto. Internacional

Journal Heat Mass Transfer Vol.55,pp. 5899-5907,2015; https://doi.org/10.1016/j.ijheatmasstransfer.2012.05.087

[44] Tyagi H, Phelan P, Prasher R. Predicted efficiency of a low-temperature nano fluid-based direct absorption solar collector.

Journal of Solar Energy Engineering, Vol.131 (4), pp.041004, 2010;https://doi.org/10.1115/1.3197562

[45] Kameya Y, Hanamura K. Melhoria da absorção da radiação solar utilizando suspensões de nanopartículas. Energia Solar

,Vol.85,pp.299 -307,2011; https://doi.org/10.1016/j.solener.2010.11.021

[46] Yousefi T, Veysi F, Shojaeizadeh E, Uma investigação experimental sobre o efeito do nanofluido Al O -H_{232} O na eficiência

de colectores solares de placa plana. Renew Energy ,Vol.39,pp.293-298,2012: https://doi.org/10.1016/j.renene.2011.08.056

[47] Yousefi T, Veisy F, Shojaeizadeh E, et al. Uma investigação experimental sobre o efeito do nanofluido MWCNT-H2O na

eficiência de colectores solares de placa plana. Experimental Thermal Fluid Science, Vol.39, pp.207-212, 2012;

https://doi.org/10.1016/j.expthermflusci.2012.01.025

[48] Parvin S, Nasrin R, Alim M. Transferência de calor e geração de entropia através de coletor solar de absorção direta preenchido com nanofluido. Int J Heat Mass Transf, Vol.71, pp.386 -395.2014; https://doi.org/10.1016/j.ijheatmasstransfer.2013.12.043

[49] Chon CH, Kihm KD, Lee SP, correlação empírica para determinar o papel da temperatura e do tamanho das partículas no aumento da condutividade térmica do nanofluido (Al O_{23}). Appl Phys Lett Vol.87,pp.153107,2005; https://doi.org/10.1063/L2093936

[50] Michael J,J, Iniyan S. Desempenho do nanofluido de óxido de cobre/água num aquecedor solar de água de placa plana sob circulação natural e forçada. Energy Convers Manage, Vol.95, pp.160 -169, 2015; https://doi.org/10.1016/j.enconman.2015.02.017

[51] Javadi F,S, Saidur R, Kamalisarvestani M. Investigando a melhoria do desempenho dos colectores solares através da utilização de nanofluidos. Renew Sustain Energy Rev, Vol.28, pp.232-245, 2013; https://doi.org/10.1016/j.rser.2013.06.053

[52] Phelan P,E, Taylor RA, Otanicar T. Applicability of nanofluids in high flux solar collectors (Aplicabilidade de nanofluidos em colectores solares de elevado fluxo). J Renew Sustain Energy

,Vol.3(2),pp.023104,2011; https://doi.org/10.1063/E3571565

[53] Taylor R, Phelan P,E, Otanicar T,P. Aplicabilidade de nanofluidos em colectores solares de elevado fluxo. J Renew Sustain Energy

Vol.3,pp.023104,2011; https://doi.org/10.1063/E3571565

[54] Lu L, Liu Z,H, Xiao H,S, Desempenho térmico de um termo-sifão aberto utilizando nanofluidos para evacuação a alta temperatura

colectores solares tubulares. Solar Energy, Vol.85,pp.379-387,2011; http://dx.doi.org/10.1016/j.enconman.2013.04.010

[55] Lenert A, Wang E,N, Otimização de receptores volumétricos de nanofluidos para conversão de energia térmica solar. Solar

Energy,Vol.86,pp.253-265,2012; https://doi.org/10.1016Zj.solener.2011.09.029

[56] Hordy N, Rabilloud D, Meunier J,L,. Alta temperatura e estabilidade a longo prazo de nanofluidos de nanotubos de carbono para

colectores solares térmicos de absorção. Solar Energy, Vol.105, pp.82-90.2014; https://doi.org/10.1016/j.solener.2014.03.013

[57] Zhang L, Liu J, He G. Radiative properties of ionic liquid-based nano-fluids for medium-to-high-temperature direct

colectores solares de absorção. Solar Energy Mater Solar Cells ,Vol.130,pp.521-528,2014;

https://doi.org/10.1016/j.solmat.2014.07.040

[58] De Risi A, Milanese M, Laforgia D. Modelação e otimização de um coletor de calha parabólica transparente baseado em nanofluidos gasosos. Renew Energy,Vol.58,pp.134 -139,2013; https://doi.org/10.1016/j.renene.2013.03.014

[59] Khullar V, Tyagi H. Aplicação de nanofluidos como fluido de trabalho em colectores solares parabólicos concentrados. In: Actas

da 37.ª e 4.ª Conferência Internacional sobre Mecânica dos Fluidos e Energia dos Fluidos, 16 a 18 de dezembro de 2010, IIT Madras, Chennai, Índia.

[60] Khullar V, Tyagi H. Estudo do impacto ambiental de um sistema de aquecimento solar de água por concentração à base de nanofluidos.

Revista Internacional de Estudos Ambientais, Vol.69,pp. 220 -232,2012; https://doi.org/10.1080/00207233.2012.663227

[61] Kim S, Kim HD, Kim H, Effects of nanofluid and surfaces with nanostructure on the increase of CHF. Journal of

Experimental Thermal Fluid Science,Vol.34,pp.487-495,2010; https://doi.org/10.1016/j.expthermflusci.2009.05.006

[62] ShinD , Banerjee D. Enhanced specific heat of silica nanofluid (Calor específico melhorado do nanofluido de sílica). Jornal de Calor

Transfer,Vol.133(2),pp.024501(4pages),,2011; https://doi.org/10.1115/1.4002600

[63] Mashaei P,R, Hosseinalipour S,M, Bahiraei M. Investigação numérica da convecção forçada de nanofluidos em canais com

fontes de calor discretas. J Appl Math 2012;2012:1 -18. https://doi.org/10.1155/2012/259284

[64] Liu Y,D, Zhou Y,G, Tong M,W, Estudo experimental da condutividade térmica e do desempenho de mudança de fase dos nanofluidos

PCMs. Microfluid Nanofluidics,Vol.7,pp.579-584, 2009;https://doi.org/10.1007/s10404-009-0423-8

[65] Kasaeian A, Daviran S, Azarian RD, Avaliação do desempenho e estudo da capacidade de utilização de nanofluidos de uma calha parabólica solar

collector. Energy Convers Manage ,Vol.89:pp.368 -375,2015; https://doi.org/10.1016/j.enconman.2014.09.056

[66] Sokhansefat T, Kasaeian AB, Kowsary F. Melhoria da transferência de calor no tubo coletor de calha parabólica utilizando

Al O_3 / nanofluido de óleo sintético. Renew Sustain Energy Rev ,Vol.33,pp.636-644,2014;

https://doi.org/10.1016/j.rser.2014.02.028

[67] KumarS , Verma N,K, Singla M,L. Revestimento altamente refletor à base de nanopartículas de titânia.

PigmentResinTechnol,Vol.41,pp.156-162,2012;https://doi.org/10.1108/03699421211226444

[68] Assink R,A. Reflectores de polímeros resistentes à abrasão para aplicações solares. J Solar Energy Mater, Vol.3(2), pp.263-275, 1980;

https://doi.org/10.1016/0165-1633(80)90065-9

[69] Mennig M, Oliveira PW, Frantzen A, Revestimentos reactivos NIR multicamadas em substratos plásticos transparentes a partir de foto-

solutos nanoparticulados polimerizáveis. Thin Solid Films,Vol.351,pp.225-229,1999;https://doi.org/ 10.1016/S0040-6090(99)00340-5

[70] Sutter F, Ziegler S, Schmucker M, . Modelação da durabilidade ótica de reflectores solares de alumínio melhorado. J Solar Energy Mater Solar Cells, Vol.107,pp.37-45,2012; https://doi.org/10.1016Zj.solmat.2012.07.027

[71] Revel GM, Martarelli M, Bengochea MA, et al. Revestimentos de base nanométrica com propriedades de reflexão NIR melhoradas para a construção

materiais de revestimento: desenvolvimento e medição do efeito do envelhecimento natural. Cement Concrete Composites,Vol.36,pp. 128135,2013; http://dx.doi.org/10.1016Zj.cemconcomp.2012.10.002

[72] Druffel T, Buazza O, Lattis M,. Películas finas de nanocompósitos com elevada flexibilidade mecânica e ótica. Adv Thin Film Coatings Opt Appl,(SPIE),70670,pp.1-8,2008; https://doi.org/10.1117/12.795294

[73] Kennedy C,E, Smilgys R,V, Kirkpatrick D,A, Desempenho ótico e durabilidade de reflectores solares protegidos por alumina

revestimento. J Thin Solid Films ,Vol.304,pp.303-309,1997; https://doi.org/10.1016/S0040-6090(97)00198-3

[74] Griffin RN. Coletor solar de película fina. Solar Energy Mater, Vol.3, pp.277 -283, 1980; https://doi.org/10.1115/T3266128

[75] Selvakumar N, Barshilia HC. Revisão dos revestimentos espectralmente selectivos por deposição física em fase vapor (PVD) para aplicações de média e alta tensão.

aplicações solares térmicas. J Solar Energy Mater Solar Cells, Vol.98,pp. 1-23,2012;

https: //doi.org/10.1016/j.solmat.2011.10.028

[76] Nejati M,R, Fathollahi V, Asadi M,K. Simulação computorizada das propriedades ópticas de cermet solar de alta temperatura

revestimentos selectivos. J Solar Energy ,Vol.78,pp.235-241,2005; https://doi.org/10.1016/j.solener.2004.09.024

[77] Jerman I, Mihelcic M, Verhovsek D, Polyhedraloligomeric silsesquioxane trisilanols as pigment surface modifiers for

Revestimentos de tinta com espessura sensível e espectralmente selectiva (TSSS) à base de fluoropolímero. J Solar Energy Mater Solar Cells, Vol.95, pp.423-431, 2011; https://doi.org/10.1016/j.solmat.2010.08.005

[78] Tseng C,C, Hsieh J,H, Wu W, Análise microestrutural e propriedades opto-eléctricas de Cu_2 O, Cu_2 O-Ag, e Cu O/Ag O_2

filmes finos nano-compósitos multi-camadas. Thin Solid Films, Vol.519, pp.5169 -5173, 2011;

https://doi.org/10.1016/j.tsf.2011.01.081

[79] Oelhafen P, Schuler A. Nanostructured materials for solar energy conversion (Materiais nanoestruturados para conversão de energia solar). J Solar Energy Vol.79,pp.110-121,2005; https://doi.org/10.1016/j.solener.2004.11.004

[80] Roro K,T, Tile N, Forbes A. Preparação e caraterização de revestimentos nano-compósitos de carbono/óxido de níquel para aplicações de absorção solar. Applied Surface Science ,Vol.258,pp.7174 -7180;2012; https://doi.org/10.1016/j.apsusc.2012.04.029

[81] Chang C,C, Huang C,L, Chang C,L. Revestimentos de absorção solar à base de poli (uretano) contendo nano-ouro. Journal of Solar Energy, Vol.91, pp.350-357, 2013; https://doi.org/10.1016/j.solener.2012.09.015

[82] Japelj B, Vuk AS, Orel B, Preparação de um nano-composto de TiMEMO pelo método sol-gel e sua aplicação em revestimentos coloridos espectralmente selectivos e insensíveis à espessura (TISS). Journal of Solar Energy Materials and Solar Cells, Vol.92, pp.1149-1161, 2008: https://doi.org/10.1016/j.solmat.2008.04.003

[83] Katzen D, Levy E, Mastai Y. Filmes finos de nano-compósitos sílica-carbono para absorventes solares selectivos, Applied Surface

Science, Vol.248, pp.514-517,2005; https://doi.org/10.1016/j.apsusc.2005.03.037

[84] Prasher R, Bhattacharya P, Phelan P,E. Condutividade térmica de soluções coloidais à escala nanométrica (nanofluidos), Physics Review

Letter(APS Physical letters) ,Vol.94,pp.025901,2005; https://doi.org/10.1103/PhysRevLett.94.025901

[85] Kalteh M, Abbassi A, Saffar-Avval M, Simulação numérica euleriana bifásica da convecção forçada laminar de nanofluidos num

micro-canal. Int J Heat Fluid Flow ,Vol.32,pp.107 -116,2011; https://doi.org/10.1016/j.ijheatfluidflow.2010.08.001

[86] O'Brien PG, Yang Y, Chutinan A, Separadores de espetro solar de cristais fotónicos seletivamente transparentes e condutores feitos de

camadas alternadas de óxido de índio-estanho por pulverização catódica e de nanopartículas de sílica revestidas por spin para melhorar a fotovoltaica. J Solar Energy Mater Solar Cells,Vol.102: pp.173 -183,2012;

https://doi.org/10.1016/j.solmat.2012.03.005

[87] Zuber K, Hall C, Murphy P, Enhanced abrasion resistance of ultrathin reflective coatings on polymeric substrates: an

melhoria em substratos de vidro. J Wear ,Vol.297,pp.986 -991,2013; https://doi.org/10.1016/j.wear.2012.11.050

[88] Mastai Y, Polarz S, Antonietti M. Silica carbon nanocomposites-a new concept for the design of solar absorbers. Journal of Advances Function Materials, Vo.12, pp.197-202, 2002; https://doi.org/10.1002/1616-3028(200203)12:33.0.CO;2-A

[89] Schuler A, Boudaden J, Oelhafen P, Thin film multilayer design types for coloured glazed thermal solar collectors. J Solar Energy Mater Solar Cells,Vol.89,pp.219-231,2005; https:ZZdoi.org/10.1016Zj.solmat.2004.11.015

[90] Cindrella L. As verdadeiras gamas de utilidade dos revestimentos selectivos solares. J Solar Energy Mater Solar Cells,Vol.91,pp.1898 -

1901,2007; https://doi.org/10.1016Zj.solmat.2007.07.006

[91] Norma ASHARE 93-96, Métodos de ensaio e determinação do desempenho térmico dos colectores solares, ASHARE,

Atlanta,(2003).

[92] Alka.Bharti, Bireswar, Paul,Conceção do coletor solar de calha parabólica,IEEE Explore, pp.302 306,2017;

https://doi.org/10.1109/AMIAMS.2017.8069229

[93] Parabola Calculator versão.2 ferramenta de software livre aberta para determinar as coordenadas por equações de parábola;https://parabola-

calculadora.software.informer.com/2.0/

[94] Ibrahim Reda, Tom Stoffel Daryl Myers, Um método para calibrar um piranómetro solar para medir a radiação difusa de referência

irradiance, Solar Energy,Vol.74(2),pp.103-112,2003; https://doi.org/10.1016/S0038-092X(03)00124-5

[95] John.G,Webster,Technicalspecification STC-probe thermometer,Meaurement,Instrument,and

Sensor,Handbook,Vol.2,Second edition,CRC Press, Taylor & Francis Group,ISBN:978-1-4398-4888-3,Canada.

[96] Óxido de grafeno reduzido como fornecedor de nanopartículas da Platonic Nanotech e produzido por modificador hummer

técnicas; https://platonicnanotech.com/product/reduced-graphene/

[97] Taurozzi.J.S, V.A.Hackley, M.R.Wiesner, Preparação de dispersão de nanopartículas a partir de materiais em pó usando perturbação ultra-sônica, Instituto Nacional de Padrões e Tecnologia, 2010, EUA; https://doi.org/10.6028/NIST.SP.1200-2

[98] G.Ndubuisi,Ronald.G.D,Michacl.W,Métodos de calibração da microscopia eletrónica de transmissão, Journal of Micro/nanolithography,

15(4), 2016; https://doi.org/10.1117/1.JMM.15.4.044002

[99] Método de ensaio normalizado de XRD-6000Shmadzu), ASME handbook online, Caracterização de materiais, Difractómetro.

[100] Determinação da posição e localização solar, Ferramentas para consumidores e conceção de sistemas solares

conceitoshttps://www.sunearthtools.com/dp/tools/pos_sun.php?lang=en

[101] Aminreza.N,Ebrahim.H,Mojtaba.M,Investigação experimental da eficiência do coletor solar de placa plana quadrada utilizando

SiO_2 /waternanofluid, Journal of Case Studies in Thermal Engineering ,8,pp.378-386,2018;

https://doi.org/10.1016/j.csite.2016.08.006

[102] K.Goudarzi,E.Shojaeizadeh,F.Nejati,Uma investigação experimental sobre o efeito simultâneo do nanofluido Cu-H_2O e

tubo helicoidal do recetor na eficiência térmica de um coletor solar ciclónico, Journal of Applied Thermal Engineering, Vol.73(1),pp.1236-1243,2014; https://doi.org/10.1016/j.applthermaleng.2014.07.067

[103] H.K.Gupta,G.D,Agrawal,J.Mathur,Investigação do efeito do caudal do nanofluido Al_2O_3 /água na eficiência de um sistema de aquecimento direto.

coletor solar de absorção, Journal of Solar Energy, Vol.(118), pp.390-36-96, 2015;

https://doi.org/10.1016/j.solener.2015.04.041

[104] D.Rojas, J.Beermann, S.A.Klein, D.T.Reindl, Thermal performance testing of flat plate collectors, Journal of Solar Energy.

Vol.82, pp.746-757, 2008; https://doi.org/10.1016/j.solener.2008.02.001

[105] T.L.Bergman, Effect of reduced specific heats of nanofluid on single phase laminar internal forced convection, Int.J.Heat

Mass Transf.Vol.52,pp.1240-1244,2009; https://doi.org/10.1016/j.ijheatmasstransfer.2008.08.019

[106] S.Q.Zhou, R.Ni, Medições da capacidade térmica específica do nanofluido Al_2O_3 à base de água, Appl.Phys.lett. Vol.(1-

3),pp.093123,2008; https://doi.org/10.1063/L2890431

[107] M.Faizal, R.Saidur, S.Mekhilef, M.A.Alim, Análise energética, económica e ambiental de nanofluidos de óxidos metálicos para

Colectores solares de placa plana, Energy Convers.Manag.Vol.76,pp.162-168,2013;

https:ZZdoi.org/10.1016Zj.enconman.2013.07.038

[108] R.B.Abernethy, R.P.Benedict, R.B.Dowdell, ASME measurement uncertainty, ASME Paper 83-WA/FM-3, 1983.

[109] P.Bhattacharya,S.K.Saha,A.Yadav,P.E.Phelan,R.S.Parsher,Simulação da dinâmica browniana para determinar a temperatura efectiva de

condutividade de nanofluidos, Journal of Applied Physics,95,pp.6492-6494,2004; https:ZZdoi.orgZ10.1063Z1.1736319

[110] S.K.Das, N.Putra, P.Thiesen, W.Roetzel, Dependência da temperatura do aumento da condutividade térmica do nanofluido,

Journal of Heat Transfer,Vol.125,pp.567-574,2003; https://doi.org/10.1115/L1571080

[111] A.C.Minsta Do Ango, M.Medale, C.Abid, Otimização do design de um coletor solar de placa plana de polímero, Journal of

Solar Energy,Vol.87,pp.64-75,2013; https:ZZdoi.orgZ10.1016Zj.solener.2012.10.006

[112] C.Cristofari, G.Notton, P.Poggi, A.Louche, Modelação e desempenho de colectores solares de aquecimento de água em copolímero,

Journal of Solar Energy,Vol.72,pp.99-112,2002; https:ZZdoi.orgZ10.1016ZS0038-092X(01)00092-5

[113]P.Keblinski, S.R.Phillpot, S.U.S.Choi, J.A.Eastman, Mechanisms of heat flow in suspensions of nano-sized particles (nanofluid), International Journal Heat Mass Transfer, Vol.45,pp.855-863,2002; https:ZZdoi.orgZ10.1016ZS0017-9310(01)00175-2

Dados suplementares -1

O cálculo da amostra de 0,5% de rGO/água como nanofluido no sistema de colectores solares parabólicos é o seguinte

A preparação de 320 ml de um nanofluido com densidade de óxido de grafeno reduzido de 1190 kg/m^3 e densidade de água de 1000 kg/m^3

Para fixar a fração de massa $\phi_{rGO} = 0.5\%$, ω_{rGO}= ?

A fração mássica de fluido refrigerante é calculada pela relação

$$\phi_{rGO} = \left(\frac{\frac{\omega_{nf}}{\rho_{nf}}}{\frac{\omega_{nf}}{\rho_{nf}} + \frac{\omega_{bf}}{\rho_{bf}}} \right) \times 100$$

$$0.005 = \left[\frac{\frac{\omega_{rGO}}{1190}}{\frac{\omega_{rGO}}{1190} + \frac{332}{1000}} \right] \times 100$$

$\omega_{rGO} \approx 1.9567gms$ (Óxido de grafeno reduzido como nanofluido)

A densidade do nanofluido é determinada pela relação

$$\rho_{rGO} = \phi_{nf}\rho_{nf} + (1-\phi_{nf})\rho_{bf} = (0.005 \times 1190) + (1-0.005)1000$$

$$\rho_{rGO} = 1005.25kg/m^3$$

A capacidade térmica do nanofluido é estimada pela relação

$$C_{p,rGO} = \frac{(1-\phi_{rGO})(\rho_{bf} \times C_{p,bf}) + \phi_{rGO}(\rho_{nf} \times C_{p,nf})}{\rho_{rGO}}$$

$$= \frac{(1-0.005)(1000 \times 4178) + 0.005(1190 \times 710)}{1005.25}$$

$$C_{p,rGO} = 4185J/kg-K$$

A condutividade térmica efectiva do nanofluido é determinada pela relação

$$K_{rGO} = K_{bf} \cdot \left[\frac{K_{nf} + 2K_{bf} + 2\phi_{rGO}\left(K_{nf} + K_{bf}\right)}{K_{nf} + 2K_{bf} - \left(K_{nf} - K_{bf}\right)\phi_{rGO}} \right]$$

$$K_{rGO} = 0.5375 \cdot \left[\frac{46 + 2(0.5375) + 2(0.005)(46 + 0.5375)}{46 + 2(0.5375) - (46 - 0.5375)0.005} \right]$$

$$K_{rGO} = 0.5672 W / m - K$$

A viscosidade dinâmica do nanofluido é determinada pela relação

$$\mu_{rGO} = \left(1 + 2.5\phi_{rGO}\right)\mu_{bf}$$

$$= \left(1 + 2.5(0.005)\right)6.531 \times 10^{-4}$$

$$\mu_{rGO} = 0.7229 \times 10^{-3} N - s / m^2$$

O número de Reynolds do escoamento do fluido no interior do modelo de tubo absorvente é calculado pela relação

$$\mathrm{Re}_D = \frac{\rho_{rGO} \cdot V \cdot D}{\mu_{rGO}}$$

$$= \frac{1005.25 \times 0.256 \times 0.01905}{0.7229 \times 10^{-3}}$$

$$\mathrm{Re}_D = 6781.578$$

O número de prandtl é calculado pela relação

$$\mathrm{Pr} = \frac{\mu_{rGO} \times C_{p,rGo}}{K_{rGO}}$$

$$= \frac{0.7229 \times 10^{-3} \times 4139}{0.5672}$$

$$\mathrm{Pr} = 5.275$$

O fator de atrito baseado na temperatura do fluido do tubo recetor é calculado pela relação

$$f = \left(\left(1.82 \log(\mathrm{Re} - 1.64)\right)\right)^{-0.2}$$

$$= \left(1.82 \log\left(6581 - 1.64\right)\right)^{-0.2}$$

$$f = 0.0354$$

O número de Nusselt baseado na temperatura do fluido do tubo recetor é calculado pela relação

$$Nu = \frac{\left(f/8\right)[\mathrm{Re}-1000]\mathrm{Pr}\left[1+\left(d/L\right)^{0.067}\right]}{1+127\left(f/8\right)^{0.5}\left(\mathrm{Pr}^{0.67}-1\right)}$$

$$= \frac{\left(0.0354/8\right)[6581-1000]4.62\left[1+\left(0.01905/1.5\right)^{0.067}\right]}{1+127\left(0.0354/8\right)^{0.5}\left(4.62^{0.67}-1\right)}$$

$$Nu = 12.56$$

O coeficiente de transferência de calor baseado na temperatura média do fluido do tubo recetor é determinado pela relação

$$Nu = \frac{h \times D}{K_{rGO}}$$

$$h = \frac{Nu \times K_{rGO}}{D}$$

$$h = \frac{12.56 \times 0.575735}{0.01905}$$

$$h = 379.85W/m^2 - K$$

A saída da taxa de energia térmica para o fluido de trabalho refrigerante é calculada pela relação

$$Q_u = mCp_{rGO}\Delta T\left(T_{fo} - T_{fi}\right)$$

$$= \frac{2.2}{60} \times 4189(65.354 - 56.765)$$

$$Q_u = 1319.39 watts$$

A taxa de entrada de energia solar na PSTC é calculada pela relação

$$Q_{inp} = A_a G_{beam}$$

$$= 3.0185 \times [756.35]$$

$$Q_{inp} = 2285.265 watts$$

A eficiência instantânea do material absorvido termicamente com base no fator de seguimento do coletor para a taxa de entrada de energia para PSTC é determinada pela relação

$$\eta_{ist,eff} = \frac{m \times C_{p,rGo} \times (T_{fo} - T_{fi})}{A_a G_{beam}}$$

$$= \frac{1319.26}{2285.75} \times 100$$

$$\eta_{inst,eff} = 57.80\%$$

Para cada intervalo de tempo de 5 minutos, o cálculo da eficiência térmica com base no Quadro A.3 é determinado pela relação

$$\eta_g = \frac{\sum_{n=1}^{n=50} m_n \times (C_{p,rGO})_n \times (\Delta T)_n}{A_a \sum_{n=1}^{n=50} G_n}$$

Na tabela A.3, a coluna S representa o numerador e o denominador. A soma destas colunas é 67500W e 114450W, respetivamente. Para determinar a eficiência térmica do PSTC com proteção de vidro, utilize a equação acima.

$$\eta_g = \frac{67500}{114450} x100$$

$$\eta_g = 58.97\%$$

A perda global do coeficiente de transferência de calor com base na energia ganha pela entrada do PSTC é calculada pela relação

$$Q_u = h \times A_a \times (T_{surf} - T_{amient})$$

$$\frac{1303.45}{3.0185 \times (65.56 - 56.45)} = h$$

$$h = 11.678W / m^2 - K$$

O estado de Karnataka, na região do distrito de Bengaluru, tem condições climatéricas favoráveis para aproveitar a radiação solar para melhorar as aplicações de aquecimento solar de água e de centrais eléctricas. A latitude e a longitude são 12,3173° N e 77,7139° W. O PSTC de rastreio está alinhado na direção norte-sul na área de orientação horizontal do Instituto de Tecnologia BTL, Centro de Inovação, Departamento de Engenharia Mecânica, Distrito de Bengaluru do Estado de Karnataka e Índia.

Encontrar o ângulo de azimute solar (A_z), o ângulo zenital, o ângulo de declinação, o ângulo de incidência e o ângulo horário às 10h30 e 45 segundos, hora padrão da Índia (IS), em 19 de abril de 2018, tendo em conta o ângulo de seguimento do PSTC (ρ_T).

Para uma hora, 10.30am (IST) é expresso em termos de UTC como quantidade decimal;

$$
\begin{aligned}
10:30:45 &= 10h + \frac{30}{60h} + \frac{45}{3600h} \\
&= 10.51215h\,(\mathrm{IST}) \\
&= 8.9256(UTC)
\end{aligned}
$$

Cálculo do ângulo de declinação (£)

O ângulo de declinação em 19/04/2018 onde os ângulos variam entre -23.45 < δ< 23,45 (sinal positivo durante o verão, sinal negativo durante o inverno). Aqui, n=19. O outro ângulo é calculado em radianos e depois convertido em graus.

$$\delta = 23.45\frac{\pi}{180}\left[\sin 2\pi\left(\frac{284+n}{36.25}\right)\right]$$

$$\delta = 23.45\frac{\pi}{180}\left[\sin 2\pi\left(\frac{284+19}{36.25}\right)\right]$$

δ - 0,29910 (Radiano) ou 17,34 graus (época de verão do mês de abril)

Cálculo do ângulo zenital solar (α)

O ângulo entre o centro do disco solar e o zénite é conhecido como ângulo zenital solar. Mas é medido a partir da vertical e não da horizontal. O ângulo zenital é semelhante ao ângulo de elevação. Portanto,

O ângulo zenital é determinado pela equação

$$
\begin{aligned}
&\sin\alpha = \sin\delta\sin\phi + \cos\omega\cos\delta\cos\phi \\
&\sin\alpha = \sin(17.35)\sin(12.39) + \cos(-45)\cos(17.35)\cos(12.39) \\
&\alpha = \cos^{-1}(0.77056)
\end{aligned}
$$

$$\alpha = 56^0$$

Cálculo do ângulo horário solar (ω)

O ângulo horário solar descreve a hora padrão local: durante a manhã é negativo, a partir da tarde é positivo e o meio-dia solar indica um ângulo nulo. Para cada rotação da órbita terrestre, são registados 15^0 por hora.

O ângulo horário solar é determinado pela equação

$$\sin\omega = -\frac{\cos\alpha \sin Az}{\cos\delta}$$

$$= -\frac{\sin(68)\cos(56)}{\sin(17.65)}$$

$$\omega = \sin^{-1}(-0.587)$$

$$\omega = -44.59^{0} \text{ (Before solar noon-morning)}$$

Cálculo do ângulo de azimute solar (Az)

O deslocamento angular a partir do sul da projeção da radiação do feixe de radiação no plano horizontal; o deslocamento a oeste do sul é positivo e a leste do sul é negativo. Estas deslocações angulares estabelecem e definem exatamente a energia solar que atinge a superfície terrestre.

O ângulo de azimute solar é determinado pela equação

$$\sin A_Z = \frac{\sin(\omega)\cos(\delta)}{\cos\alpha}$$

$$= \frac{\sin(44.89)\cos(17.56)}{\cos(56)}$$

$$A_Z = \sin^{-1}(0.97235)$$

$$A_Z = 85.006^{0}$$

Cálculo do ângulo de incidência solar (θ_i)

O ângulo de incidência solar numa superfície inclinada em relação à horizontal (β) e com a ajuda de um ângulo azimutal qualquer (Az) é determinado no sentido dos ponteiros do relógio a partir do hemisfério norte.

Nota: θ_i <90^0 em qualquer ponto do sol está atrás da superfície e torna-se sombreado

$$\cos\theta_i = \sin\delta\sin\varphi\cos\beta + \sin\delta\cos\varphi\sin\beta\cos Az + \cos\delta\cos\varphi\cos\beta\cos\omega$$
$$-\cos\delta\sin\varphi\sin\beta\cos Az\cos w - \cos\delta\sin\beta\sin Az\sin\omega$$

For horizontal surface orientation of facing, then $\beta = 0$, $\cos\beta = 1, \sin\beta = 0$,Therefore,

$$\cos\theta_i = \cos\delta\cos\varphi\cos\omega + \sin\delta\sin\varphi$$
$$= \cos(17.56)\cos(12.45)\cos(44.89) + \sin(17.56)\sin 12.59)$$
$$= \cos^{-1}(0.77089)$$
$$\theta_I = 43.96^0$$

Para a direção norte-sul com um coletor orientado horizontalmente, Harrigan e Stine (1985) apresentam a seguinte equação para determinar o ângulo de seguimento (p_T);

$$\tan(\rho_T) = \frac{\sin(Az)}{\tan(90-\theta_Z)}$$
$$= \frac{\sin(87)}{\tan(90-46.48)}$$

$$(\rho_T) = \tan^{-1}(1.2567)$$

$$(\rho_T) = 55.92^0$$

Desenho 2-D do PSTC

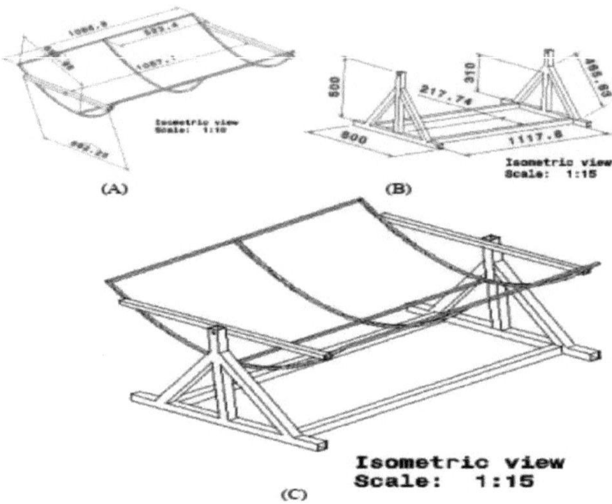

Fig (A) Calha parabólica solar :(B) Estrutura de suporte ;(C) Montagem final do PTC

Quadro A.1 Resumo dos dados extraídos da folha Excel para os conceitos de radiação solar em 19/04/2018

Hora e dia **Época de verão**	**Solar** **Azimute(Az)**	**Solar** **Elevação(a)**	**Solar** **Ângulo horário (®)**	**Declinação solar (£)**	**Solar** **Ângulo de incidência)**
04/19/2018 10:30	69.31^0	-12.23	-30^0	+17.65	55.45
04/19/2018 10:45	71.39^0	-9.16	-48^0	+17.65	57.16
04/19/2018 11:00	73.400	-6.05	-60^0	+17.65	59.23
04/19/2018 11:15	75.34^0	-2.86	-67^0	+17.65	61.85
04/19/2018 11:30	77.23^0	0.64	-75^0	+17.65	63.45
04/19/2018 11:45	79.080	3.58	-83^0	+17.65	65.48
04/19/2018 12:00	80.91^0	3.58	+0^0	+17.65	67.84
04/19/2018 12:15	82.71^0	6.70	+2^0	+17.65	69.32
04/19/2018 12:30	84.51^0	9.87	+4^0	+17.65	71.36
04/19/2018 12:45	86.32^0	13.08	+8^0	+17.65	73.58
04/19/2018 13:00	88.14^0	16.31	+12^0	+17.65	75.48
04/19/2018 13:15	89.99^0	19.54	+16^0	+17.65	77.41
04/19/2018 13:30	91.89^0	22.79	+200	+17.65	79.23
04/19/2018 13:45	93.84^0	26.03	+24^0	+17.65	81.65
04/19/2018 14:00	95.88	29.27	+28^0	+17.65	83.78
04/19/2018 14:15	98.020	32.51	+32^0	+17.65	85.46
04/19/2018 14:30	100.02	38.54	+38^0	+17.65	87.25
04/19/2018 14:45	102.71^0	42.12	+400	+17.65	89.35
04/19/2018 15:00	105.33^0	45.27	+45^0	+17.65	91.36
04/19/2018 15:15	108.200	48.38	+48^0	+17.65	93.78
04/19/2018 15:30	111.380	51.44	+53^0	+17.65	95.95
04/19/2018 15:45	114.94	54.42	+57^0	+17.65	97.27
04/19/2018 16:00	118.98^0	57.32	+62^0	+17.65	99.45
04/19/2018 16:15	123.63^0	60.10	+65^0	+17.65	100.87

Quadro A.2 Resumo dos dados extraídos da folha Excel para os conceitos de radiação solar em 19/04/2018

A	B	C	D	E	F	G	H	I	J
Filas	Tempo decorrido (s)	Pressão do fluido (kPa)	Latitude (0	^rGO (%)	PrGO (k-gm)$^{-3}$	PrGO (N-s-m$^{-2)}$	KrGO (w-m k)$^{-1-1}$	Re	*Nu*
1	7	1.245	12.9710N	0.5	1005.254	0.7205*10^{-3}	0.5735	6651.45	12.15
2	14	1.248	12.9710N	0.5	1005.258	0.7210*10^{-3}	0.5740	6657.12	12.30
3	21	1.250	12.9710N	0.5	1005.262	0.7214*10^{-3}	0.5750	6662.45	12.42
4	28	1.252	12.9710N	0.5	1005.267	0.7219*10^{-3}	0.5763	6668.65	12.50
5	35	1.250	12.9710N	0.5	1005.272	0.7222*10^{-3}	0.5770	6672.45	12.62
6	42	1.254	12.9710N	0.5	1005.276	0.7229*10'3	0.5798	6675.48	12.70
7	49	1.255	12.9710N	0.5	1005.280	0.7232*10'3	0.5805	6678.52	12.78
8	56	1.256	12.9710N	0.5	1005.285	0.7237*10'3	0.5825	6682.55	12.83
9	63	1.258	12.9710N	0.5	1005.290	0.7242*10'3	0.5834	6685.59	12.89
10	70	1.260	12.9710N	0.5	1005.294	0.7248*10'3	0.5852	6692.75	12.93
11	77	1.258	12.9710N	0.5	1005.300	0.7252*10'3	0.5860	6698.65	12.98
12	84	1.257	12.9710N	0.5	1005.305	0.7258*10'3	0.5872	6705.12	13.15
13	91	1.254	12.9710N	0.5	1005.310	0.7262*10'3	0.5879	6722.78	13.24
14	98	1.262	12.9710N	0.5	1005.314	0.7267*10'3	0.5883	6759.87	13.32
15	105	1.222	12.9710N	0.5	1005.318	0.7271*10'3	0.5892	6763.95	13.39
16	112	1.226	12.9710N	0.5	1005.322	0.7275*10'3	0.5905	6769.18	13.47
17	119	1.236	12.9710N	0.5	1005.326	0.7280*10'3	0.5924	6773.16	13.57
18	126	1.247	12.9710N	0.5	1005.330	0.7282*10'3	0.5932	6779.87	13.62
19	133	1.250	12.9710N	0.5	1005.335	0.7285*10'3	0.5944	6782.05	13.68
20	140	1.256	12.9710N	0.5	1005.340	0.7288*10'3	0.5952	6786.15	13.75
21	147	1.258	12.9710N	0.5	1005.347	0.7292*10'3	0.5960	6790.78	13.79
22	154	1.259	12.9710N	0.5	1005.352	0.7300*10'3	0.5972	6799.32	13.82
23	161	1.254	12.9710N	0.5	1005.358	0.7309*10'3	0.5984	6812.45	13.87
24	168	1.262	12.9710N	0.5	1005.365	0.7312*10'3	0.5994	6818.78	13.92
25	175	1.235	12.9710N	0.5	1005.372	0.7315*10'3	0.6120	6822.23	13.99
26	182	1.385	12.9710N	0.5	1005.378	0.7341*10'3	0.6134	6829.99	14.09
27	189	1.325	12.9710N	0.5	1005.382	0.7345*10'3	0.6150	6835.15	14.18
28	196	1.326	12.9710N	0.5	1005.386	0.7349*10'3	0.6224	6842.45	14.24
29	203	1.327	12.9710N	0.5	1005.390	0.7352*10'3	0.6230	6852.07	14.29
30	210	1.326	12.9710N	0.5	1005.394	0.7357*10'3	0.6252	6858.10	14.35
31	217	1.328	12.9710N	0.5	1005.400	0.7362*10'3	0.6270	6866.45	14.39
32	224	1.332	12.9710N	0.5	1005.404	0.7365*10'3	0.6295	6872.89	14.47

33	231	1.335	12.9710N	0.5	1005.410	0.7378*10'3	0.6312	6879.98	14.50
34	238	1.340	12.9710N	0.5	1005.416	0.7387*10'3	0.6345	6885.04	14.56
35	245	1.368	12.9710N	0.5	1005.421	0.7399*10'3	0.6370	6892.78	14.61
36	252	1.362	12.9710N	0.5	1005.428	0.7410*10'3	0.6387	6905.36	14.65
37	259	1.362	12.9710N	0.5	1005.435	0.7426*10'3	0.6408	6912.78	14.69
38	266	1.357	12.9710N	0.5	1005.442	0.7432*10'3	0.6422	6922.98	14.72
39	273	1.362	12.9710N	0.5	1005.448	0.7440*10'3	0.6450	6930.65	14.78
40	280	1.322	12.9710N	0.5	1005.454	0.7452*10'3	0.6472	6937.12	14.85
41	287	1.320	12.9710N	0.5	1005.460	0.7463*10'3	0.6492	6943.58	14.91
42	294	1.328	12.9710N	0.5	1005.468	0.7478*10'3	0.6507	6954.59	14.93
43	301	1.324	12.9710N	0.5	1005.478	0.7512*10'3	0.6544	6960.78	14.97
44	308	1.335	12.9710N	0.5	1005.485	0.7522*10'3	0.6577	6972.35	15.23
45	315	1.326	12.9710N	0.5	1005.492	0.7531*10'3	0.6598	6978.60	15.55
46	322	1.356	12.9710N	0.5	1005.505	0.7539*10'3	0.6612	6985.75	15.62
47	329	1.378	12.9710N	0.5	1005.524	0.7547*10'3	0.6645	6992.37	15.72
48	336	1.372	12.9710N	0.5	1005.532	0.7559*10'3	0.6690	7005.32	15.79
49	343	1.356	12.9710N	0.5	1005.544	0.7610*10'3	0.6692	7115.69	15.87
50	350	1.342	12.9710N	0.5	1005.562	0.7645*10'3	0.6695	7229.85	15.92

K	**L**	**M**	**N**	**O**	**P**	**Q**	**R**	**S**	**T**
h_{w-a} (Wm'V)[1]	% (deg.)	m (kg-s)[-1]	T_a	T (⁰ c)	T_{fo} (⁰ c)	G_b (Wm)[-2]	$c_{p,rGO}$	mC^M (W)	A G_h a b (W)
366.147	45.36	0.0367	28.125	56.561	65.561	716.87	4185.45	1346.275	2281.275
366.149	45.39	0.0367	28.127	56.574	65.574	716.89	4185.45	1346.282	2281.282
366.151	45.42	0.0367	28.129	56.584	65.584	716.60	4185.45	1346.290	2281.290
366.153	45.44	0.0367	28.132	56.592	65.592	716.41	4185.45	1346.298	2281.298
366.154	45.47	0.0367	28.135	56.605	65.605	716.13	4185.45	1346.306	2281.306
366.157	45.50	0.0367	28.137	56.612	65.612	715.85	4185.45	1346.313	2281.313
366.160	45.52	0.0367	28.140	56.622	65.622	715.84	4185.45	1346.320	2281.320
366.166	45.55	0.0367	28.144	56.635	65.635	715.27	4185.45	1346.327	2281.327
366.170	45.57	0.0367	28.147	56.640	65.640	715.30	4185.45	1346.336	2281.336
366.174	45.59	0.0367	28.151	56.652	65.652	715.33	4185.45	1346.344	2281.344
366.178	45.61	0.0367	28.154	56.668	65.668	715.63	4185.45	1346.353	2281.353
366.181	45.63	0.0367	28.157	56.672	65.672	715.78	4185.45	1346.360	2281.360
366.185	45.65	0.0367	28.161	56.679	65.679	715.98	4185.45	1246.367	2281.367
366.192	45.70	0.0367	28.164	56.684	65.684	716.42	4185.45	1346.374	2281.374
366.204	45.75	0.0367	28.167	56.690	65.690	716.48	4185.45	1346.381	2281.381
366.208	45.80	0.0367	28.170	56.698	65.698	716.52	4185.45	1346.390	2281.390

366.210	45.92	0.0367	28.173	56.709	65.709	716.58	4185.45	1346.397	2281.397
366.212	46.12	0.0367	28.180	56.717	65.717	716.78	4185.45	1346.412	2281.412
366.214	46.15	0.0367	28.197	56.795	65.795	716.88	4185.45	1346.419	2281.419
366.217	46.18	0.0367	28.225	56.805	65.805	715.64	4185.45	1346.425	2281.425
366.220	46.22	0.0367	28.229	56.811	65.811	715.45	4185.45	1346.432	2281.432
366.225	46.25	0.0367	28.234	56.836	65.836	715.23	4185.45	1346.440	2281.440
366.227	46.27	0.0367	28.240	56.845	65.845	715.05	4185.45	1346.448	2281.448
366.230	46.30	0.0367	28.257	56.867	65.867	714.89	4185.45	1346.454	2281.454
366.234	46.33	0.0367	28.264	56.875	65.875	714.58	4185.45	1346.460	2281.460
366.237	46.35	0.0367	28.272	56.887	65.887	714.38	4185.45	1246.467	2281.467
366.240	46.37	0.0367	28.280	56.978	65.978	714.89	4185.45	1346.474	2281.474
366.247	46.40	0.0367	28.296	56.996	65.996	715.55	4185.45	1346.480	2281.480
366.250	46.42	0.0367	28.312	57.124	66.124	715.56	4185.45	1346.489	2281.489
366.257	46.44	0.0367	28.337	57.137	66.137	715.68	4185.45	1346.495	2281.495
366.260	46.47	0.0367	28.445	57.141	66.141	715.39	4185.45	1346.509	2281.509
366.263	46.50	0.0367	28.452	57.149	66.150	716.02	4185.45	1346.515	2281.515
366.345	46.52	0.0367	28.477	57.156	66.157	716.44	4185.45	1346.522	2281.522
366.388	46.55	0.0367	28.492	57.162	66.162	716.58	4185.45	1346.529	2281.529
367.152	46.58	0.0367	28.502	57.186	66.186	716.78	4185.45	1346.536	2281.536
367.175	46.62	0.0367	28.526	57.198	66.197	716.89	4185.45	1346.545	2281.545
367.189	46.65	0.0367	28.533	57.204	66.204	716.98	4185.45	1346.552	2281.552
367.198	46.68	0.0367	28.567	57.214	66.124	715.75	4185.45	1346.560	2281.560
367.221	46.70	0.0367	28.670	57.227	66.227	715.32	4185.45	1346.568	2281.568
367.225	46.72	0.0367	28.693	57.232	66.233	715.79	4185.45	1346.575	2281.575
367.237	46.75	0.0367	28.711	57.238	66.238	714.38	4185.45	1346.582	2281.582
367.242	46.78	0.0367	28.746	57.249	66.250	714.85	4185.45	1346.590	2281.590
367.248	46.82	0.0367	28.777	57.258	66.258	715.65	4185.45	1346.599	2281.599
367.285	46.85	0.0367	28.786	57.268	66.268	715.69	4185.45	1346.612	2281.612
367.296	46.88	0.0367	28.812	57.277	66.277	715.79	4185.45	1346.620	2281.620
367.331	46.92	0.0367	28.845	57.285	66.285	715.88	4185.45	1346.633	2281.633
367.339	46.94	0.0367	28.897	57.298	66.299	717.89	4185.45	1346.639	2281.639
367.345	46.96	0.0367	28.925	57.308	66.308	717.56	4185.45	1346.648	2281.648
367.378	46.98	0.0367	28.958	57.321	66.321	717.32	4185.45	1346.657	2281.657
367.396	47.02	0.0367	28.975	57.335	66.335	717.05	4185.45	1346.662	2281.662

Quadro A.3 Descrição das colunas do quadro A.2

Coluna	Descrição
A	Indica o número de vezes que foi testado em dias de sol
B	Tempo decorrido (s)
C	Pressão do fluido (kPa)
D	Latitude (9)
E	Fração de massa(^)
F	Densidade do óxido de grafeno reduzido, (p_{rGO}) *,(movimento browniano)*
G	Viscosidade dinâmica do nanofluido, (u_{loo}), *(movimento browniano)*
H	Condutividade térmica do nanofluido, (K_{rGO}), *(movimento browniano)*
I	Número de Reynolds, (ReD), *(parâmetros adimensionais)*
J	Número de Nusselt,(Nu), *(parâmetros sem dimensão).(Kroger,1998)*
K	Coeficiente de transferência de calor com base na temperatura do fluido recetor, *(Kroger,1998)* h_a - ΔrGO (D indica o diâmetro da superfície interior do absorvedor)
M	Ângulo de incidência solar (^.) *(graus)*
N	Condição da temperatura ambiente, (T_{amb}) *(escala Celsius)*
O	Temperatura de entrada do fluido recetor, (T_{fi}), *(escala Celsius)*
P	Temperatura de saída do fluido do recetor, (T_{fo}), *(escala Celsius)*
Q	Radiação do feixe medida (Gb), $(w/m)^2$
R	Capacidade térmica do nanofluido, $(<C)_{p\ rGO}$
S	A taxa de produção de energia térmica do fluido de arrefecimento do fluido de trabalho, $(Q)\ pGA_u(^{mC_{T}}=_{Qu})$,watts
T	A taxa de energia solar disponível para a PSTC, $(Q)_{inp}$ $^{A}a^{G}$ b = np^{Q}

MIX
Papier aus verantwortungsvollen Quellen
Paper from responsible sources
FSC® C105338

Printed by Books on Demand GmbH, Norderstedt / Germany